モハ3214を先頭にした東上線準急川越市行。6両ともにオレンジ色１色であるが、すでにオレンジ・ベージュへの塗り替えが始まったころの過渡期の姿である。モハ3214は1928（昭和３）年にデハ５形43として生まれ、1931（昭和６）年に副運転台を設置してデハ７形43となった後、1951（昭和26）年の大改番でモハ3214になったもので、1969（昭和44）年に車体更新されて中間車モハ3518となり、1971年の改番でモハ3318になった。巨大なPT20パンタに比してずらりと並んだ小さな窓の重々しい車体とのアンバランスさが戦前の東武電車の最大の特徴である。

1964.2.16　池袋　P：沢柳健一

カラーグラフ

東武鉄道 旧型車の時代

クハ567を最後部に連結した東上線準急川越市行。成田鉄道ホハ11（二代目）を東武で1943（昭和18）年にサハ41に改造後、1950（昭和25）年の鋼体化でサハ80形92となった後に1958（昭和33）年に運転室を設置してクハ567になった。1969（昭和44）年に車体更新されて中間車サハ3636となり、1971年の改番でサハ3228になった。

1964.2.16　池袋　P：沢柳健一

クハ340形を１両増結したモハ5320形の５両編成が荒川放水路を渡る。ライトブルーの急行色を纏った軽快な姿。嵐の直後なのか、河原にできた水たまりが橋を写す。
1959.5.13　北千住―小菅　P：奥野利夫

編成の中間に連結されたモハ5401。1927（昭和２）年生まれのクハ３形９を1936（昭和11）年に電装化してデハ８形94に改番。モーターはデハ10形と同型の110kWとなったため、このグループは1951（昭和26）年の大改番で5400番代を名乗った。1973（昭和48）年に更新されて中間車モハ3359となった。
1972.5.20　塚田　P：中村夙雄

編成の最後部に連結されたクハ561。長岡鉄道ホハニ２を東武で1934(昭和９)年にサハ102に改造後、1939(昭和４)年にサハ52に改造。1950(昭和25)年の鋼体化でサハ80形95となった後に1955(昭和30)年に運転室を設置してクハ561になった。1971(昭和46)年に車体更新されて中間車サハ3260となった。４両ともにオレンジ色1色で池袋駅を後にする姿。　1964年頃　池袋　P所蔵：網谷忠雄

クハ420形426(手前)ほか４両。クハ420形には３種類があり、旧デハ101形の戦災復旧たたき直しの420・421のクハ420形Aと、旧クハユ1形戦災復旧たたき直しのクハ420形Bの422、そして写真の運輸省規格型クハ330形をマスコン交換により形式変更したクハ420形Cの423～428である。このうち427は1957(昭和32)年に電装化してモハ5201となり、残った５両は1966～1973(昭和41～48)年に3000系・3050系に更新されて姿を変えた。写真のクハ426は1970(昭和45)年にサハ3650に更新され、翌年の改番でサハ3223となった。　1965.11.28　岩槻　P：荻原二郎

クハ451。戦災で焼けた旧鉄道省モハ31099を1949(昭和24)年に東武クハ450として叩き直した車。1952(昭和27)年にモハ30021由来のクハ450と番号を入れ替えて二代目クハ451となった。側面窓の中央の太い間柱が省電の面影を残す。正面は貫通型に改造され、台車はウイングばね式の新型に交換、貫通幌の取付座が付いた。1973(昭和48)年７月にクハ3661に更新される直前の姿である。

1973.1.4　七光台検修区　P：中村夙雄

張上屋根と屋根上の歩み板が特徴のクハ456。戦災で焼けた旧鉄道省モハ50059を1949(昭和24)年に東武クハ453として叩き直した車両で、1952(昭和27)年に他の複数のクハ450形と番号を入れ替え、二代目クハ456となった。1971(昭和46)年にクハ3458に更新された。

1969.10.4　館林　P：荻原俊夫

東武博物館に展示されている3000系の住友台車と走り装置。
2023.1.28　P：稲葉美智子

カラーで見る
台車のバラエティ

大正から昭和にかけての様々な来歴の車両を車体更新した3000系列（3000・3050・3070系）合計236両の履く台車は、国鉄のTR11を含めて５メーカー 21形式の多きに及ぶ。ここではその台車外観の一部をカラーで紹介する。

各台車の説明など詳細は20頁を参照。

■TRS-30台車（ST-55A-C-1（KS-31L））
東武3070系
1987年頃　新栃木　P：徳永雅紀

■TRK-45台車（ボールドウィン）
東武モハ3574
1987年頃　新栃木　P：徳永雅紀

■TRK-50台車（HW-16）
東武3050系
1987年頃　新栃木　P：徳永雅紀

■TRS-28M台車（ST-42・ST-50・ST-55A　KS-31L）
東武3070系
1987年頃　新栃木　P：徳永雅紀

■TRF-51M台車（FS-106）
東武モハ3176・モハ3376
1987年頃　新栃木　P：徳永雅紀

■TRN-50台車（W-2-18）
東武サハ3270形
1987年頃　新栃木　P：徳永雅紀

■TR11台車
東武3050系
1987年頃　新栃木　P：徳永雅紀

左は戦災に遭った鉄道省モハ30021を叩き直したクハ450二代目を1968(昭和43)年8月に車体更新したばかりのクハ3671、右は1928(昭和3)年にデハ5形42を1931(昭和6)年に両運転台化してデハ7形42を経て1951(昭和26)年の大改番でモハ3213となった車両。外観の大きく異なる2両が並ぶ。

左のクハ3609は、1928(昭和3)年生まれのクハニ2形8を1951(昭和26)年の大改番でクハニ270形271を経て普通車に改造したクハ251から1968(昭和43)年5月に更新したばかり。右のモハ3200は1927(昭和2)年生まれのデハ4形17を出自とし、1951(昭和26)年の大改番でモハ3200となった2両が手を繋いで向き合う。駅に着いた2両を見たお客の多くは左のクハ3609を選んだであろう。片や車体は新しくなれど2歳違いの同じ仲間である。1970(昭和45)年5月に3200は相方のクハ425と同時に中間車の新しい車体に乗せ換えられ、3200はモハ3501に生まれ変わった。更新が進む過渡期に見られた3000系ビフォー・アフターである。　1968.8.15　六実　P：日暮昭彦

中巻のはじめに

私が初めて東武3000系に乗って印象を持ったのは、六実駅で台車の違いに注目した翌年の1973（昭和48）年6月、小学校6年の日光への修学旅行の時である。六実から春日部までは野田線3000系の通常の電車に一般客に混じって乗り、春日部からは貸切電車となり、一気に解放された気分になった。やって来たのは「たびじ」号のヘッドマークを付けた5700形ではなく、通勤型の7800系であった。3000系の朝のラッシュ時に近い混み合った室内ではこれといった印象がない代わりに、ドアが閉まって起動するときのショックが新京成唯一の東急車輌製の吊掛駆動車であるモハ251の棒連結器付きの車と同じく遊びのない一体感のある衝動を感じたことと、ブレー

キの緩解音が新京成では他の車とは違った音がする同車と全く同じ音がすることであった。ブレーキ装置の三動弁は、後にモハ251のそれは国鉄型のA動作弁であることがわかった。小学生の私には東武3000系と新京成の同じような４両固定の250形とは連結器や乗り味と音に共通した部分が多いことを感じた。

中巻では上巻に引き続き3000系列となる種車の概説の後半と、台車と種車のバリエーションについて、車両変遷一覧表やさまざまな資料を交えて紹介し、その全貌を明らかにしていきたい。

西に傾いた日差しを浴びながら晩夏の下町を日光・宇都宮へ向かうモハニ3281ほか２＋２両の準急下り列車。浅草の方角を望む大踏切を行き交う人々の白いシャツが光る。北千住で家路につくお客を乗せ、左側に千住発電所の４本の煙突が重なりながら見え方が変化する「お化け煙突」を見ながら荒川放水路を越えると、築堤から北方へ見渡す限り広がる長閑な田園風景が涼しさとともに目に飛び込んでいたであろう。　1956.9.8　北千住　P：丸森茂男

クハ430形430を電装化改造したモハ3260形3263の茶色時代の姿。パンタから正面に下りる高圧線(母線)の配置が各車により異なり、3263は正面窓の間柱に２本が分かれて降ろされている。後の車体更新でモハ3581を経てモハ3501となった。
1962.9.5　野田電車区　P：宇野　昭

4．東武電車概説２
～戦災復旧車以降の中型車～

4.1　昭和23年・自社戦災車・事故車復旧名目運輸省規格型

前期で導入した運輸省規格型12両(前巻30頁参照)では不足のため、自社戦災車・事故車復旧名目でほぼ同一設計のクハ330形334・335とクハ430形430～437の計10両が２回に亘り追加された。クハ330形は前回と同じく2,740mmであるが、クハ430形は車体幅が2,800mmに広げられた。台枠は431を除きUF12の流用である。

クハ334・335は大正生まれのホハ由来のサハ１形10・27の台枠流用、クハ430形はクハニ1→クハ430、デハ56→クハ431、デハ60→クハ432、サハ29→クハ433、サハ62→クハ434、ナニ6051→クハ435、デハニ26→クハ436、デハニ35→クハ437である。ナニ6051を除き、７両は1945(昭和20)年の戦災被災車が種車である。

クハ434は1951(昭和26)年８月の浅草工場火災で全焼して同年11月9日に廃車となった。クハ333・334についてもマスコンの換装(MC-1→M8-D)が行われ、334→425、335→426と改番された。

クハ430形は浅草工場火災で失われた434を除く430～435の５両が、旧総武鉄道のモハ1201形の全車電装解除により同車より電装品の供出を受けてM化され、モハ3260形3260～3264となった。

クハ430形(M8-D)→モハ3260形(MCH-200D/M8-D/HS-266)
クハ430→モハ3263　クハ431→モハ3261
クハ432→モハ3262　クハ433→モハ3260
クハ435→モハ3264

東上線において、モハ+クハの２両固定編成化を行うことになり制御電動車が３両不足したため、1956～57(昭和31～32)年にクハ430形クハ436・437、ク

■1945(昭和20)年の戦災車一覧表

車種	番号	両数計	処置	備考
デハ・デハニ	デハ101・デハ104・デハニ26・デハ90・デハ1103	5	復旧	
	デハ35	1	名目上の変更	デハ35→クハ437
	デハ56	1	名目上の変更	デハ56→クハ431
	デハ60	1	名目上の変更	デハ60→クハ432
クハ・クハニ・クハユ	クハユ1・クハニ85・クハ1106・クハ1107・クハ1203	5	復旧	
	クハニ1	1	名目上の変更	クハニ1→クハ430
合計		14両		

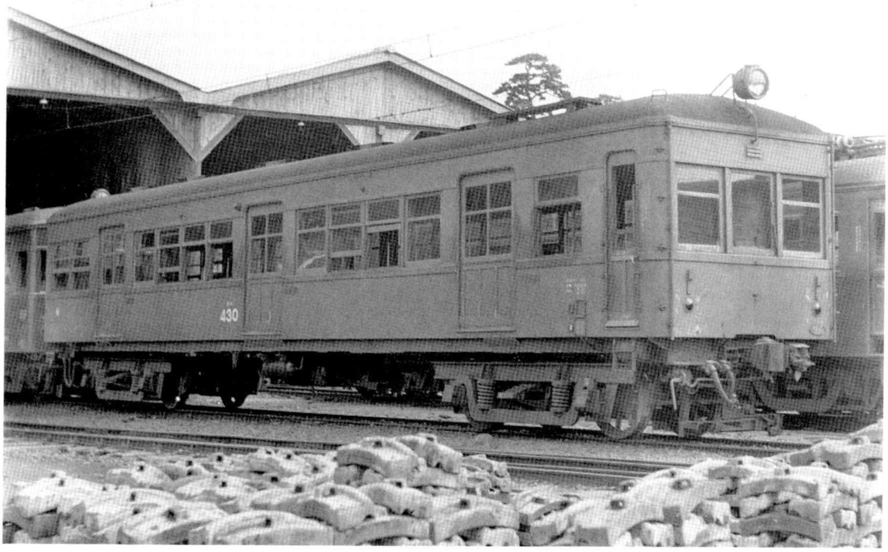

クハ430形430。製造直後の姿で、戦災を受けたクハユ1を名目上の種車としている。当時よりパンタ台が存在し、1953(昭和28)年に電装化されて上写真のモハ3263となった。
1950.8.27　野田電車区
P：中村夙雄

ハ420形427を電装化改造し、形式はモハ5200形5201～5203となった。電装品は制御器が東洋電機製ES530電動カム軸式制御器、主電動機は日立製HS-266を搭載。デッカー式制御器と110kwモーターの組み合わせはこの3両が初めてとなった。

クハ430形(M8-D)→モハ5200形(ES530/M8-D/HS-266)

クハ436→モハ5202　クハ437→モハ5203

クハ427→モハ5201

モハ3260～3264は更新モハ3566・3567・3568・3581・3582の種車に、モハ5202・5203は更新モハ3560・3160の種車に、クハ425・426は更新サハ3649・3650の種車になって運輸省規格型は消滅した。

モハ5200形モハ5203。戦災を受けたデハ35を名目上の種車としたクハ437を電装化したもの。1957(昭和32)年電装化後のオレンジ1色時代の姿。前面には貫通路が設置されて運転台は左側に移り、国電クモハ11のようなスタイルに。後に車体更新でモハ3160となる。
1963.9.22　川越電車区　P：宇野　昭

サハ80形99。総武鉄道サハ1301を種車に、1950(昭和25)年に鋼体化改造後の姿。99は東上線季節臨時特急「フライング東上号」として使用され、当初は深紅色に黄色帯であったが、1951(昭和26)年には青色に黄色帯に塗色変更され、その直後の姿と思われる。1954(昭和29)年にはクハ557に改造され、後の車体更新でサハ3648を経てサハ3202となった。

1950年頃　場所不明　P所蔵：豊永泰太郎(園田正雄氏撮影)

サハ80形88。木造客車ホハ40→サハ31を種車に、1950(昭和25)年の鋼体化改造でサハ88となった直後の姿。1956(昭和31)年にクハ565に改造された。後ろに5700形がいて右隣にはモハ3200形か3260形が見えるので1952(昭和27)年以降の撮影であろう。クハ565は後の車体更新でサハ3672を経てサハ3204となった。

1952年頃　場所不明

P所蔵：鈴木靖人

4.2　昭和25年・第二次木造客車鋼体化改造型付随車

1941・43(昭和16・18)年の第一次鋼体化は、主として明治から大正時代にかけて製造された雑型客車が対象であったが、中型標準客車はそのまま残り、戦中戦後の混乱期にも電車に挟まれて大活躍をしていた。

1949(昭和24)年からようやくこれらの木造客車も車体鋼体化改造が始まり、営業線から木造車が姿を消した。完成した車両はサハ80形80～99の20両、クハ500形500～523の24両で、いずれも2扉トイレ付きとなり、クハは初めてセミクロスシートを設けた新車となった。鋼体化した車両は全てUF12形台枠を使用している。種車によっては合致しない場合もある台枠であるが、当時は鉄道省においても木造客車を大量に鋼体化していた時期にも重なっているので、こちらからの流用の可能性も考えられる。最後の4両は鉄道省客車からの改造、2両は新造扱いになっている。

●サハ80形80～99

1950(昭和25)年に日車と汽車で製造された。車体長は17,010mm、最大車体幅2,700mmで、窓配置は1 2D8D3である。サハ70形とほぼ同じスタイルであるが、通風器が碗状の二列からガーランド式が中央一列配置になり、車体外板の裾は一直線となった。しかし裾が短く台枠が露出したスタイルは変わらない。台車はTR11である。

編成中にあるサハは分割併合時に制約を受けるので、1954(昭和29)年から全車クハ550形(二代目)への改造が始まった。1954～55年改造の550～562は日車で施工されたが、1956(昭和31)年以降の563～566は日本電装、567～569は富士重工で行われている。片運転台全室構造の乗務員扉付で、トイレは550～557、563～565が残され、その他の車は撤去された。

準急伊勢崎行の先頭に立つクハ502。木造客車ホハ29→サハ３を鋼体化した車両で、鋼体化改造後の茶色時代。ウィングバネ式の汽車会社製台車HW-16(東武形式：TRK-50)は５両のみが履く台車である。軸受はのちにコロ軸受化された。車体更新でサハ3254となった。　1960.8　曳舟　P：宇野　昭

●クハ500形500～523

1951(昭和26)年にサハ80形に続いて日車と汽車で製造された。車体長は17,100mm、最大車体幅は2,800mmに拡大された。戦後の新車で初のセミクロスシートとなり、前面は妻面がフラットの平妻で、貫通扉を設けた全室運転室で運転席は左側に寄せられた。窓配置は扉間10窓のd 2D10D3である。窓はセミクロスシートの配置に合わせるために幅670mmと狭くなっているのが特徴である。

台車は当初TR11を履いたが、同年に全車が電車用の新台車に履き替えた。このうち500～519は新設計のウイングばね式軸箱支持の台車で、３社の台車がある。住友金属は鋳鋼台車枠のFS-7(東武形式TRF-50)、日車は溶接台車枠のW-2-18(東武形式TRN-50)、汽車は国鉄客車のTR47に似た鋳鋼台車枠のHW-16(東武形式TRK-50)である。

1952(昭和27)年に２回に亘って、後述のモハ5320形と編成を組むためにクハ518～523は制御器(マスコン)を換装してクハ340形に改番された。1953(昭和28)年に貫通幌を前後に取り付けた。

■東武鉄道 車両竣工図表クハ340形(344・345)　資料所蔵：亀井秀夫

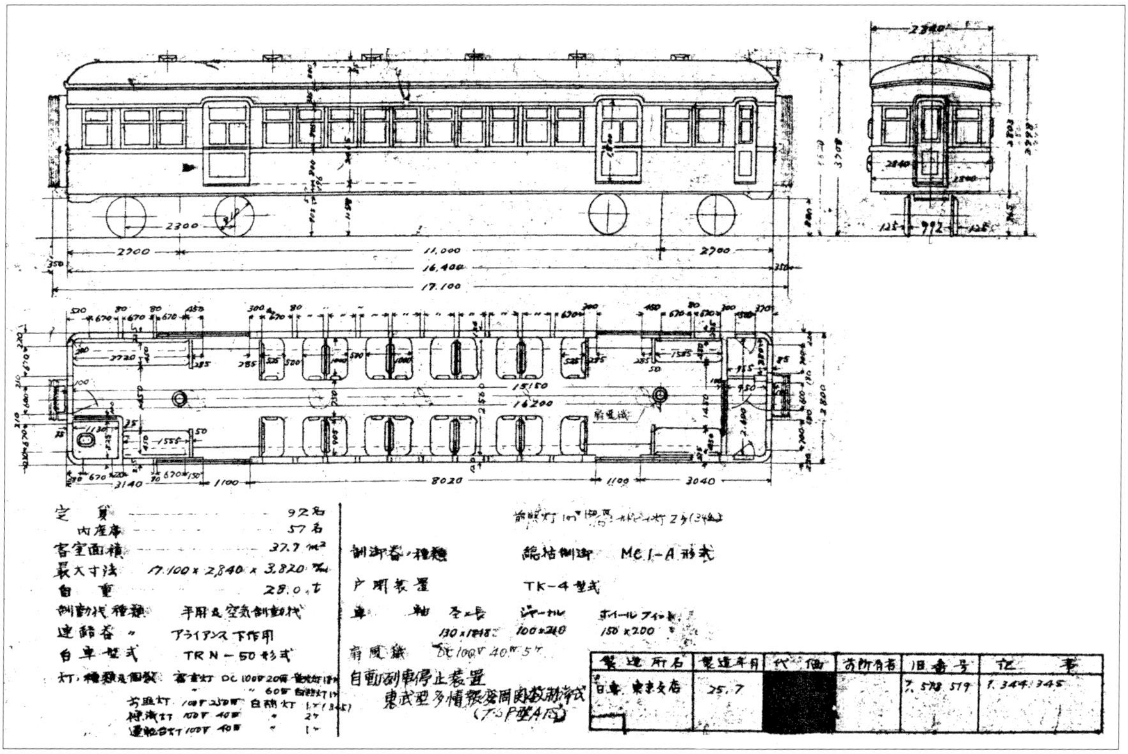

ブルーとクリーム２色時代で大師線に従事するクハ340形343。鉄道省ナハ12635を種車に1951（昭和26）年の鋼体化でクハ521とされたもので、改造直後に相方モハに対応したマスコンに交換してクハ343に名前を改めた後の姿。台車は弓型イコライザーの住友KS-33L（東武形式：TRS-28T）を履く。国電クハ47の東武版といったスタイル。相方モハとスタイルは同じであるが扉間の窓はモハより２枚少ない10枚連続窓。後の車体更新でクハ5402を経てクハ3472となった。　1962.12　大師前　P：村多　正

クハ500形（M8-D）→クハ340形（MC-1）

クハ518→クハ344　クハ519→クハ345

クハ520→クハ342　クハ521→クハ343

クハ522→クハ340　クハ523→クハ341

1964～66（昭和39～41）年にクハ500形４両を電装化する改造が行われ、クハ500形510～512・514がモハ5317～5319・5324（二代目）となった。制御器は5317・5318がCS-5、5319・5324はES-567を搭載。主電動機はいずれも東洋電機製TDK-528/9-HMで、歯車比は3.44である。台車は住友製のKS-33Lを履いた。相方のクハ340形は346～349・355でマスコンの交換が行われた。電装化の際、ロングシート化とトイレの撤去の改造が行われた。編成は次の通りである。

モハ5317－クハ348　モハ5318－クハ349

モハ5319－クハ355　モハ5324（二代目）－クハ356

1971（昭和46）年10～11月に5311－351と同様に、5315－346、5316－347はロングシート化された。

クハ500形および同形式を出自としたクハ340形・モハ5310形は、いずれも更新3000系・3050系・5000（→3070）系の種車となって消滅した。

4.3　昭和24～25年・戦災国電復旧型

1949～51（昭和24～26）年にかけて、国電の戦災復旧車が13両現れた。クハ450形450～458の９両、クハ360～363の４両で、このうち車体新製はクハ450形のうち富士産業製（前身は中島飛行機。後に宇都宮車輛、富士重工業を経て現在の株式会社SUBARUである）の４両だけとなり、その他はすべて大榮車輛で焼けた旧車体を使って叩き直し、ほぼ原形通りに復旧された。ただし、運転室側の貫通扉はすべて塞がれ、運転席は中央に設けられた。製造当初は雨樋がなかったが、1953（昭和28）年以降の改造で雨樋が取り付けられた。

クハ450～453は1949（昭和24）年に戦災国電の台枠を流用して富士産業により車体新製された車である。451・453は1960（昭和35）年10・12月にモハ5454・5451と永久固定編成を組む際の改造で、正面貫通扉付となり、運転席は左側に寄せられた。

■戦災国電復旧車両改番一覧

鉄道省形式・車番	東武形式・車番	製造年・製造所
モハ31099	クハ450→クハ451Ⅱ	昭和24年 富士産業
モハ30021	クハ451→クハ450Ⅱ	昭和24年 富士産業
モハ50059	クハ453→クハ456Ⅱ	昭和24年 大榮車輌
モハ31083	クハ452→クハ458Ⅱ	昭和24年 大榮車輌
モハ31084	クハ456→クハ457Ⅱ	昭和26年 大榮車輌
モハ50094	クハ458→クハ453Ⅱ	昭和24年 富士産業
クハ65179	クハ454	昭和26年 大榮車輌
クハ65054	クハ455	昭和26年 大榮車輌
モハ32026	クハ457→クハ452Ⅱ	昭和24年 富士産業
クハ55048	クハ360	昭和24年 大榮車輌
モハ60054	クハ361	昭和25年 大榮車輌
モハ60019	クハ362	昭和25年 大榮車輌
サハ57051	クハ363	昭和25年 大榮車輌

クハ450形450。1949(昭和24)年に戦災省電モハ31099より東武クハ450となった直後の姿。1952(昭和27)年にクハ451と番号交換を行ってクハ450はクハ451(二代目)となった。台車は省電のTR11ではなく、住友KS-33Lのように見える。台車は後にウィングバネの日車製W-2-18(東武形式：TRN-50)に履き替え、正面は貫通化された。1973(昭和48)年にクハ3661に更新された。
1950.8.3　西新井電車区　P：中村夙雄

クハ450の室内。国電モハ31系の特徴である側窓中央の広い吹き寄せ部はそのままでほとんど変わらない。室内灯は白熱灯の時代である。
1967.4.23　野田電車区　P：矢崎康雄

クハ454～456は旧モハ50形(クモハ11400番代)の事故車の車体を生かして復旧したもので、正面の貫通扉を塞いだほかは原形がよく保たれている。455のみ雨樋なし、456は張上屋根・3列ベンチレーターである。

クハ457・458は旧モハ31(クモハ11200番代)の車体の復旧で、原形をよく保つ。クハ450～458は更新クハ3671・3661・3453・3662・3452・3451・3458・3454・3664の種車になって戦災国電は消滅した。

なおクハ360形については20m車(クハ55・モハ60・サハ57の復旧)であるため、詳細は割愛する。

クハ450形クハ455の茶色時代。戦災省電クハ65054を復旧したもので、鋼板製の屋根と円弧水切りが特徴的である。屋根の鋼板は側板の上にリベット止めで被せたよう見え、側面幕板部から一体化した張上屋根ではなく、復旧時にこのような形態になったと思われる。屋根中央には、2列の短い歩み板が全長に亘って連続して取り付けられている。東武クハ455への改造で正面は非貫通となった。編成後部はモハニ5471とクハ450形唯一の張上屋根を持つ456である。クハ455は更新でクハ3451となった。
1963.1.3　太田　P：宇野　昭

クハ450形クハ458(二代目)の茶色時代。鉄道省モハ31083を種車とした復旧車で、クハ452を経てクハ458となった。検査表記は37-4/40-4と読める。台車は基礎ブレーキ装置が電動車用のDT10のような両抱き式で、他のTR11とは異なっている。台車は後にW-2-18(東武形式：TRN-50)に履き替えられた。1973(昭和48)年10月にクハ3664に更新され、東武から最後に残った戦災国電が姿を消した。
1962年頃　曳舟　P：中本雅博

モハ5322を先頭にした浅草行。クハ552として製造された直後に電装化した車両で、前位にパンタを載せた姿は国鉄モハ53に似た印象になった。ライトブルー＋クリームの2色時代で後ろにクハを2両連ねた姿。モハ5322は更新によりモハ5503を経てモハ3573となった。
時期不明　曳舟—業平橋
P：宇野　昭

4.4　昭和27年・浅草工場火災代替新造車

1951(昭和26)年８月に浅草工場が全焼し、以下の９両の車両が被災、うち６両が焼失して廃車となった。

■1951(昭和26)年８月東武浅草工場火災・被災車一覧表

被災状況	番号	両数合計	処置	備考
全焼	モハ1404・モハ3272・モハ5472 クハ272・クハニ291・クハ434	6	廃車	6両クハ代替新造
類焼	モハ5453 クハニ273・クハ300	3	復旧	

その代替として急遽新造されたのがクハ550形(初代)550～555の６両である。550・551は日車、552・553は汽車で、554・555は宇都宮車輌で製造された。車体はクハ500形を引き延ばした形態で、窓配置も同様のセミロスシート、トイレ付きであるが、側窓は扉間10→12枚に増えて窓配置はd2D12D2 1となった。

妻面は隅柱に大きな丸みのある平妻で、両面に貫通扉と幌を備えた。台枠は端面のRがないことを除けばモハ5700形とほぼ同一のものを新調したため、車体長が18,700mmと長くなった。貫通幌を備えて２扉間に側窓がずらりと並ぶ外観は国鉄クハ58(→47 100)の東武版といった端正なイメージとなった。

1951(昭和26)年12月の入線後、すぐに電装化されることになり、翌1952年に２回に亘り改造された。最初にクハ552～555がクハとして使用されることがないまま、モハ5320形5320～5323となった。

扉間に固定クロスシートが並ぶモハ5321の室内。
1964.3.8　P：中本雅博

クハ550形(M8-D)→モハ5320形(CS-5/MC-1/TDK-528)

クハ552→モハ5322　クハ553→モハ5323

クハ554→モハ5320　クハ555→モハ5321

電装品・台車は1948(昭和23)年製モハ5300形のものを供出し、制御器は電磁空気カム軸式の国鉄制式のCS-5、マスコンは3ノッチのMC-1、主電動機は東洋電機製TDK-528/9-HMを搭載。歯車比は3.44である。台車は新扶桑金属製のイコライザー式のKS-33L(東武形式TRF-48A)を履いた。

同年11～12月には続けてクハ550・551が電装化改造され、それぞれモハ5324・5325となった。遅れて電装化されたこの2両は最新型モハ5700形に準じた電装品を使用し、制御器は発電制動付電動カム軸式多段制御器である日立製MMC-H-10Eを搭載した。

こうして揃ったモハ5320形5320～5325は、同時に改造されたクハ340形340～345と組んで、直ちに急行用として活躍を開始した。

モハ5320－クハ340　モハ5321－クハ341

モハ5322－クハ342　モハ5323－クハ343

モハ5324(初代)－クハ344　モハ5325－クハ345

1953(昭和28)年9月には、5720形で実用化したばかりの直角カルダン式の駆動装置と東洋電機製の主電動機TDK-801を装荷した汽車製の新形式ウイングばね台車KS-105(東武形式TRK-53)に履き替えた。歯車比は4.89である。これを機に形式をモハ5800形5800・5801に改め、モハ5800はクハ344、モハ5801はクハ345と2両固定編成を組んだ。

このように浅草工場火災を機に急遽投入されたクハ550形は電装化前提で作られ、完成後本線に出ることもなく電装化されるも相方のクハを同形式ではなく、窓2枚分短い車体長の異なるクハ500形から518～523を調達してマスコンをMC-1に交換し、クハ340～345に改番させて固定編成を組むという、いささかややこしい話になった。

クハ550形→モハ5320形(MMC-H-10E/M8-D/TDK-528)→モハ5800形

クハ550→モハ5324(初代)→モハ5800

クハ551→モハ5325→モハ5801

しかし、せっかくの新動力装置である直角カルダン駆動装置・新電動機の不調が続き、1954(昭和29)年に一旦取り外し、旧部品に戻って形式も元の5324・5325に戻された。そして1957(昭和32)年2月に徹底的に修繕した直角カルダン駆動装置・主電動機を再び装着して5800形になったが、その後も不調が続き、1962(昭和37)年に5801が、1966(昭和41)年に5800が直角カルダン駆動の使用を諦め、KS-105台車をクハ700形の履くFS106(東武形式TRF-51M)と交換し、住友金属製ゲルリッツ台車FS-106に東洋電機製 TDK-528/9-HMを搭載。歯車比は3.44のモハ5320形と同一の吊掛駆動車に落ち着いたが、モハ5800形の形式は

モハ5800を先頭にした5連。カルダン駆動を装荷してライトブルーとクリームの急行色で、登場して間もない1954(昭和29)年の撮影であるが、KS-31系のイコライザー台車を履いている。駆動装置の不調のためか、一時的に吊掛駆動に交換されたものと思われ、同車はその後もカルダン駆動と吊掛駆動の換装を繰り返している。隣は相方のクハではなく、サハ80形が間に挟まれている変則的な姿で、その後ろの2両はモハ5320形であろう。
1954.6.4　竹ノ塚　P：丸森茂男

東武宇都宮駅に佇むモハ5800形5800ほか。ロイヤルマルーン+ロイヤルベージュの特急色で、台車は汽車会社製KS-105(東武形式TRK-53)を履くカルダン駆動時代の姿。快速浅草行を掲げているがストライキ中で運休中のところ。直角カルダンの試作車であったが不調が続き、最終的には吊掛駆動に落ち着いた。1974(昭和49)年6月から始まった車体塗色変更でセイジクリーム1色になり、その翌年にはモハ5106に更新された。
1965.5.23　東武宇都宮　P：塚越哲男

そのままで、元の番号に戻されることはなかった。
モハ5800(台車KS-105)⇔クハ701(台車FS-106)
モハ5801(台車KS-105)⇔クハ700(台車FS-106)

1968(昭和43)年にはATS取付に伴う4両固定化・ロングシート化改造が行われ、下記(次頁)のように固定編成化された。

モハ5800形5800のカルダン駆動時代の空気側を見る。
1963.11.3　東武日光
P：矢崎康雄

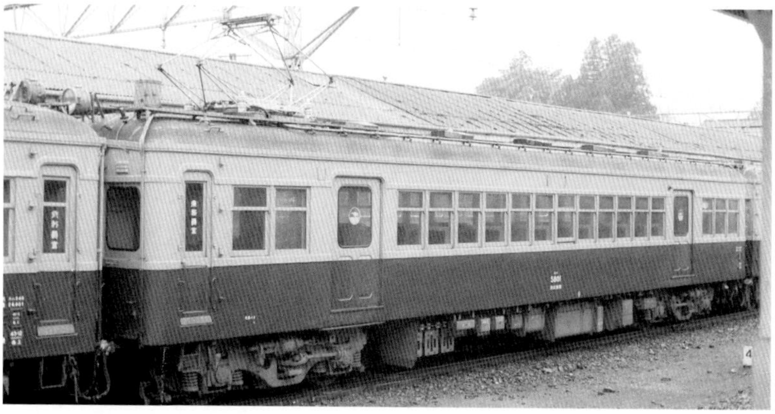

モハ5800形5801の電気側。5700形と同じ台車を履き、多段式の主制御器が見える。
1970.5.17　下今市
P：阿部一紀

■東武鉄道 車両竣工図表 モハ5800形

資料所蔵：亀井秀夫

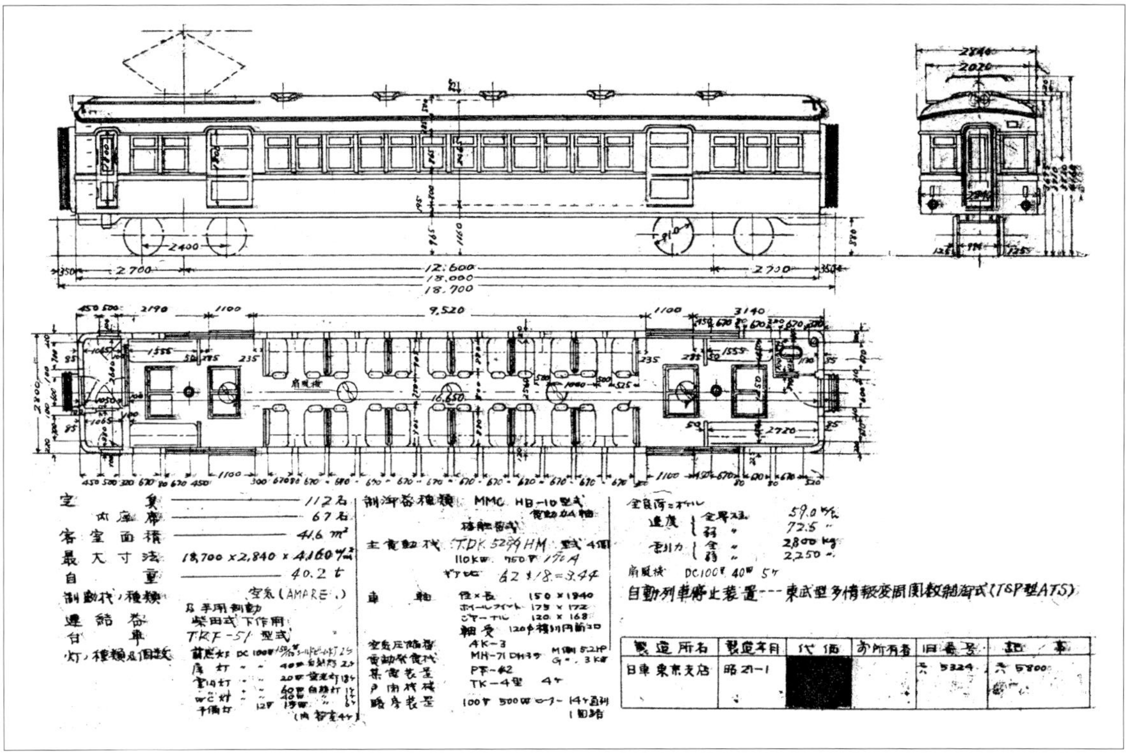

モハ5320－クハ340－モハ5321－クハ341(1972.11)

モハ5800－クハ344－モハ5801－クハ345(1972.9)

クハ500形ベースのモハを含む編成も、下記のように固定編成化された。中間に入った車両は運転台機器が撤去されたが、前照灯は元のまま残されていた。

モハ5317－クハ348－モハ5318－クハ349(1969.6)

モハ5319－クハ355－モハ5324－クハ356(1969.6)

残存するセミクロスシート車についても、1971～72(昭和46～47)年にロングシート化改造が行われ、車体塗色は快速色から一般色に塗り替えられた。

モハ5322－クハ342　(1972.4)

モハ5323－クハ343　(1972.3)

モハ5315－クハ346　(1971.11)

モハ5316－クハ347　(1971.10)

モハ5320～5323は更新モハ5501～5503・5102の種車に、モハ5800・5801は更新モハ5106・5306の5000系(後の3070系) 4両最終編成の種車モハになって消滅した。

モハ5320形5320の電気側。
CS-5主制御器が見える。
1965.3.28　竹ノ塚検車区
P：宇野　昭

TRS-35M形台車を履くモハ5460。1935(昭和10)年生まれのデハ10形101～103用に造られた住友金属工業製の台車で、メーカー形式はKS-31。TRS-28Mと同じ外観で、両者を見分けることは困難である。日車製D形台車とともに、住友KS-33系台車は戦前の私鉄電車で最も多く見られる台車である。
1966.7.11　館林検修区　P：宇野　昭

5．3000系列に引き継がれた台車

3000系列(3000・3050・3070系)の合計236両の履く台車は、国鉄のTR11を含めて５メーカー21形式の多きに及ぶ。1926(大正15)年の電車前提に製造された客車ホハ用の住友製弓形イコライザー台車から昭和初年のデハ４形以降の電車第一世代、1935(昭和10)年のデハ10系、1948(昭和23)年のモハ5300形までの釣合梁式(イコライザー)台車、1950(昭和25)年のクハ500形履替用として３社から造られたウィングバネ式台車、モハ5700形のクハと交換したゲルリッツ式台車がある。これらの台車の特徴と来歴をご紹介する。なお各台車の冒頭に記述した名称は東武内形式である。

■東武3000・3050・3070系台車形式一覧表

東武形式	製造メーカー形式	軸距(mm)	方式	メーカー
TRS-28M	KS-31L(ST-42・ST-50・ST-55A)	2,450	釣合梁(イコライザー)式	住友金属
TRN-29M	D-16-A			日本車輌
TRS-30	KS-31L(ST-55A-C-1)			住友金属
TRS-35M	KS-31(H-22イ)			
TRN-37	D-18-A			日本車輌
TRN-38	D18A-W1			
TRK-45	ボールドウィン			汽車会社
TRK-49	ボールドウィン	2,300		
TRF-48A TRF-48B	KS-33L(TRF-48A=TDK-528)(TRF-48B=HS-266)	2,300		扶桑金属
TRF-51M	FS-106	2,400	ゲルリッツ式	扶桑金属
TRK-27	ボールドウィン	2,440	釣合梁(イコライザー)式	汽車会社
TRK-29	ボールドウィン	2,130		
TRS-26	KS-30L(ST-22)	2,130		住友金属
TRS-28T	KS-33L(ST-50B)			
TRS-29	KS-31L(ST-55B)			
TRS-35T	KS-31(H-22ロ)	2,135		
TRN-29T	D-16-B・D-18-B	2,130		日本車輌
TRF-50	FS-7	2,300	ウィングバネ式	住友金属
TRK-50	HW-16			汽車会社
TRN-50	W-2-18			日本車輌
TR11	国鉄TR11	2,438.4/2,450	釣合梁(イコライザー)式	国鉄

※資料により形式表記に違いがあり、例えばD-16-AはD16A、D-18-BはD18Bと表記される場合があるが、同じものとして理解して頂きたい。

TRS-28M形台車(モハ3220)。1928(昭和３)年製日光線開通用デハ５形由来のモハ3210形が履く住友金属のKS-31L。64両と最もポピュラーな台車で、KS-31LはKS-33Lと共に東武以外に小田急、東横、名鉄、阪急、近鉄、京阪等、昭和初期の私鉄電車に数多くの採用実績がある釣合梁式台車である。台車枠は鋳鋼製、基礎ブレーキ装置はKS-30Lの片押し式から両抱き式となった。また、両車軸に渡された釣合梁はKS-30Lの弓型から角張った形状となり、コイルバネは２列並びから１本となって外観は大きく変化した。
1970.3.8　七光台検修区　P：中村夙雄

TRS-30形台車(モハ3549)。前述のKS-31L(東武内形式：TRS-28M)と同じく住友製で、外観の相違点を見出すのは困難である。東武では当初は平軸受であったが、昭和30年代後半からコロ軸受化された。
1970.3.8　七光台検修区　P：中村夙雄

TRF-48B形台車を履いたモハ5201。戦後の1948(昭和23)年にモハ5300形用として製造されたイコライザー式台車で、住友製鋼所改め扶桑金属製の台車である。メーカー形式はKS-33Lで、KS-31Lから引き継いだ鋳鋼製台車枠であるが、よく見ると鋳鋼製の開口部の周囲に細い縁取りが付き、台車枠上辺の両端が段付き形状になっているのが僅かな相違点である。軸距は2,450mmから2,300mmに短縮された。HS-266モーターを装荷している。
1967.5.3　川越電車区　P：矢崎康雄

TRF-48A形台車。東武内形式TRF-48にはTDK-528モーター装荷のTRF-48AとHS-266モーター装荷のTRF-48Bの２種類があり、このモハ5310用台車は前者である。
1974.6.16　七光台検修区　P：中村夙雄

TRN-29M形台車(モハ3562)。1929(昭和４)年にデハ６形81～86用として造られた日本車輌製の台車である。D-16は米国ボールドウィンタイプの釣合梁式台車で、住友製の鋳鋼台車枠とは異なり、棒鋼・板鋼組立式の台車枠である(24頁参照)。当初は平軸受であったが、東武では昭和30年代後半からコロ軸受化された。
1970.3.8　七光台検修区　P：中村夙雄

TRN-38形台車。1939(昭和14)年のデハ10系増備車であるデハ12形1107・1108用に造られた台車である。日車での形式はD18A-W1(東武では使われていない)で、台車枠を溶接組立としたため従来のD-18とは全く外観が異なる。日本初の溶接台車枠台車であるが採用はこの２両のみにとどまった。東武内形式ではTRN-38で、更新後はモハ3124・3663が履いていた。
1940.1.21　西新井電車庫　P：中村夙雄

TRF-51M形台車(モハ3176)。1951(昭和26)年に5700形特急車用として登場した住友製のゲルリッツ式台車である。ウィングばね式であるが、その上部に板バネがあるのが特徴。鋳鋼製台車枠のどっしりした外観で、台車制動筒方式である。モハ5800・5801は直角カルダン駆動のKS-105(東武内形式：TRK-53)を履いていたが不調が続き、この２両は1963(昭和38)年に5700形クハ700形の台車と交換した。モハ3176・3376となった3070系ラスト編成のみの特徴である。　1984.3.9　栃木　P：塚越哲男

TRN-37形台車(モハ5452)。1937(昭和12)年にデハ10系デハ11形用として造られたのが最初で、メーカー形式はD-18-A(25頁参照)。心皿重量等級を18tとしたものであるが外観は変わらず、軸距も2,450mmと変わらない。コロ軸受化された。
1970.3.8　七光台検修区　P：中村夙雄

TRK-45形台車(モハ3574)。戦後の1946(昭和21)年に登場したデハ10系最後の増備車クハ1201形用の釣合梁式台車で、汽車会社製。棒鋼・板鋼リベット組立式で、日車製と同様の外観である。東武では汽車製の釣合梁式台車についてはメーカー固有の形式はなく、すべて「ボールドウィン」となっており、このことが1951(昭和26)年の大改番とともに台車を東武内形式で管理する契機になったことが推測される。
1987年頃　新栃木駅？　P：徳永雅紀

TRK-49形台車(モハ5431)。1948(昭和23)年にモハ5300形用として造られた釣合梁式台車で、汽車会社製のボールドウィン台車であるが、従来の同社製台車とは全く異なり、住友製KS-31L系の流れを汲む鋳鋼台車枠である。5300形用台車としては扶桑金属(住友の後継)製台車KS-31Lがあり、外観は全く同じである。扶桑金属製台車を汽車会社の手配で調達したためと推測される。軸距は2,450mmから2,300mmと小さくなった。運輸省規格型車両の標準台車で東急デハ3700形にも採用された。　1963.1.3　館林検修区　P：宇野　昭

TRS-26形台車(クハ3601)。東武3000系の台車で最も形式が若い1926(大正15)年製の制御・付随車用台車。同年の電車前提で造られた客車ホハ54～60用の台車で、住友製鋼所製の釣合梁式台車である。鋳鋼台車枠で、左右の車軸に渡る弓型のイコライザーと枕ばねの両脇にコイルバネが各2本並ぶ外観が特徴。当初、基礎ブレーキ装置は片押式であったが、両抱式に改造されている。軸距は電動車より短い2,130mmである。

1970.3.8　七光台検修区　P：中村夙雄

TRS-29形台車(クハ3621)。1927(昭和2)年クハニ1形1～6用として造られた住友製台車。鋳鋼台車枠で、逆ハの字(台形)のイコライザーが特徴である。

1970.3.8　七光台検修区　P：中村夙雄

TRS-28T形台車(クハ252)。1927年のクハユ1形1～4と、1928年のクハニ2形7～20用として造られた住友製台車である。イコライザーの形状はやや直線的な逆ハの字形である。

1964.3.20　新栃木検修区
P：宇野　昭

TRF-50形台車(クハ506)。クハ500形の履替用として10両分が造られた汽車会社製台車。ウィングばね式で鋳鋼台車枠を持ち、枕バネは板バネである。外観は同時期の国鉄客車用TR47に似ているが、汽車会社製のTRK-50より軽快な外観である。

1955.5.31　東武日光　P：中村夙雄

TRN-29T形台車。1928(昭和3)年のクハニ2形21～31用として造られた日本車輌製台車である。電動車用のTRN-29Mと同型で、軸距は2,130mmと短い。

1970.3.8　七光台検修区　P：中村夙雄

TRS-35T形台車を履いたクハ422。1935(昭和10)年のクハ10形101～103用に造られた住友製台車である。電動台車TRS-35Mと同じ外観である。非電動車用なので軸距が短く、2,130mmとなっている。
1962.9.5　野田電車区　P：宇野　昭

TRN-50形台車。1950(昭和25)年にクハ500形の履替用として10両分が造られた日車製台車。ウィングばね式・溶接組立式の台車枠で、枕バネは板バネとコイルバネの併用である。当初は平軸受であった。　撮影期日・場所不明　P：鈴木靖人

TRK-29形台車(クハ471)。1929(昭和4)年、総武鉄道モハ1001形・モハニ1101形・クハ1201形用として造られた汽車会社製の台車で、TRK-27と同様米国のボールドウィンAA形を元に棒鋼・帯鋼リベット組立式の台車枠を持つ釣合梁式台車であるが、コイルバネは1列となって日車D型台車によく似た外観となった。軸距は2,130mmと短く、東武としては制御車用と同じサイズである。　1963.7.13　西新井工場　P：丸森茂男

TR11形台車。国鉄の木造客車由来の台車で、型鋼リベット組立式台車枠の釣合梁式台車である。更新後の3000系T台車では最も多く使用された。カラー写真を6頁にも掲載。
1987年頃　新栃木　P：徳永雅紀

TRK-27形台車。1928(昭和3)年、クハユ3形7～10用として造られた汽車会社製の台車である。米国Baldwin Locomotive Works社のボールドウィンAA形を元に汽車会社で製造され、棒鋼・帯鋼リベット組立式の台車枠と両軸受間に渡した弓形イコライザーと2列に並んだコイルバネが特徴。軸距は2,440mmである。阪神851形の汽車製台車ボールドウィン78-25AAは同じ外観を持つ　1967.4.23　野田電車区　P：矢崎康雄

TRK-50形台車(3050系)。クハ500形の履替用として5両分が造られた汽車会社製台車。ウィングばね式で鋳鋼台車枠を持ち、枕バネは板バネである。外観は同時期の国鉄客車用TR47によく似ている。カラー写真を6頁にも掲載。
1987年頃　新栃木　P：徳永雅紀

1951(昭和26)年に定めた東武鉄道独自の台車の称号規定
- 「TR」+メーカー略号(住友S、扶桑F、日車N、汽車K、東芝T、ブリルB)-製造初年(西暦)の下2桁数字を附する。
- 同一年に同一メーカーで造られた異種の台車の場合は末尾にM又はTを附して電動車用と付随車用を区別する。
- 省型(国鉄型)台車はそのままの名称で呼ばれる。
- 例えば、TRS-28Mといえば、1928年住友製鋼所製電動車用台車という意味である。

＊ただし、製造初年と実際の製造初年とは一部異なる場合がある。

■NSK型トラック D-16　出典：日本車輌製造カタログ　　資料所蔵：稲葉克彦

日本車輌製造株式會社

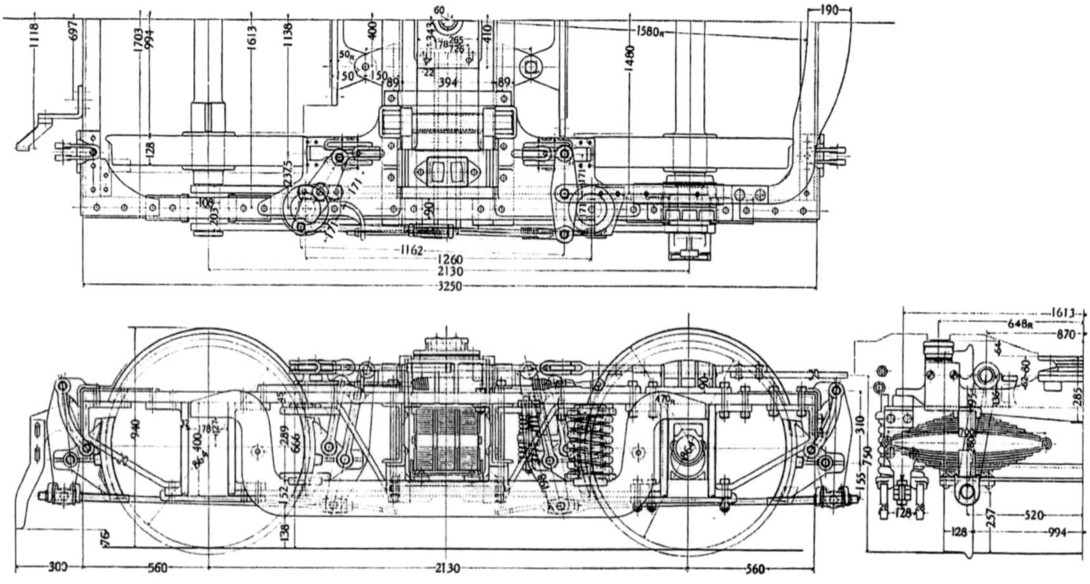

D～16

軌　間 … … … … … …	1067粍(3′～6″)	固定輪軸距 … …	2130粍(7′～0″)
用　途 … … … … … …	市間高速用	車　輪 … … …	864粍(34″)外輪燒嵌環止式
制動機 … … … … … …	制輪子抱合式	**センターピン荷重**	16,000瓩

※D-16は米国ボールドウィンタイプの釣合梁式台車で、住友製の鋳鋼台車枠とは異なり、棒鋼板鋼組立式の台車枠である。日車D型台車として京成、京王、東急、名鉄、京阪、阪和、南海、参宮急行(後の近鉄)、西鉄等々、全国の私鉄に広く採用された。住友のKS-31L・KS-33Lと共に戦前の私鉄電車で最もポピュラーな台車である。

■NSK型トラック D-18　出典：日本車輌製造カタログ

資料所蔵：稲葉克彦

日本車輌製造株式會社

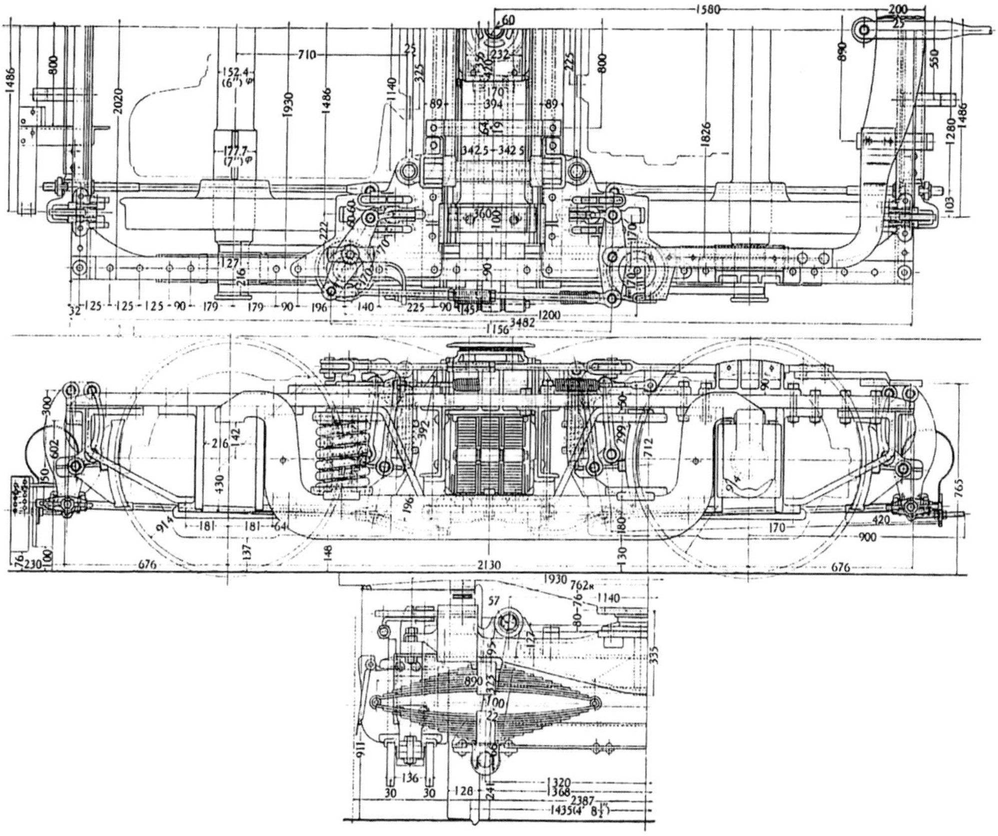

D~18

軌　間	1435粍(4′~8½″)	固定輪軸距	2130粍(7′~0″)
用　途	市間高速用	車　輪	914粍(36″)外輪焼嵌環止式
制動機	制輪子抱合式	センターピン荷重	18,000瓩

■東武鉄道 電車用台車一覧表　東武鉄道 西新井工場作業係「機器表」No.18台車

1980(昭和55)年３月31日現在　資料所蔵：亀井秀夫

製造所名	台車要目					電動車	両数	取付台数	制御車及び附随車	両数	取付台数	合計	備考
	東武名称	製造所名称	軸距	車輪	軸箱								
住友金属（含扶桑）	TRS-26	KS-30L(ST-22)	2130	TW	J-406				3402. 3403, 3405. 3406. 3409. 3601. 3602.	7	14	14	釣合バネ式台車.
	TRS-28M	KS-31L (ST-42 ST-50 ST-55A)	2450	T78	J-150	3101~3107[7] 3109~3117[9]. 3119~3123[5]. 3125. 3302~3308[7] 3310~3315[6] 3318. 3319. 3324~3329[6]. 3151. 3154. 3155. 3158. 3160 3351 3353. 3354. 3355. 3357. 3359. 3503. 3504. 3506. 3507. 3551~3554[4] 3556. 3564.	64	128				128	〃
	TRS-28T	KS-33L (ST-50B)	2130	〃	J-406				3205. 3207. 3208. 3210. 3214. 3226 3404. 3412 3422. 3423. 3426. 3604. 3671. 3672 3673. 3472.	16	32	32	〃
	TRS-29	KS-31L(ST-55B)	〃	〃	MC 手軸受 TC J-406	1471 1472. 1473	3	6	3408. 3416 3451. 3605. 3607	5	10	16	〃
	TRS-30	〃 (ST-55A-C-1)	2450	〃	J-150	3108. 3152 3301. 3309. 3317. 3323. 3330.	7	14				14	〃
	TRS-35M	KS-31(H224)	〃	〃	〃	3153. 3156. 3558.	3	6				6	〃
	TRS-35T	〃 (H220)	2135	〃	J-406				3410. 3414 3606	3	6	6	〃
	TRF-48 A/B	KS-33L	2300	T77	J-150	3360 3560, 3172. 3174. 3175. 3571. 3572. 3573. 3575. 3374. 3375	11	22				22	〃 A=TDK528MM. B=HS-266MM
	TRF-50	FS-7	〃	T78	J-403				3272~3275[4]. 3471. 3473~3475[3]. 3674. 3675.	10	20	20	ウイングバネ式台車.
	TRF-51M	FS-106	2400	T77	J-28	5700. 5701. 5702 5703. 5704. 5705. 3176 3376.	8	16				16	〃
	TRS-52M	FS-10	2500	〃	J-31	7318. 7319 7320. 7321 7800. 7801 7803~7807. 7809. 7812. 7813 7815 7817. 7821~7851[31] 7870~7889[20] 7891~7894[4] 5101. 5301 5102. 5302. 5501. 5502.	77	154				154	軸バネ式台車 予備台車1両(西工)
	TRS-52T	〃	〃	〃	〃				809. 812 813. 815 817. 821~851[31]. 870~888[19] 5201, 5401. 5202 5402 5601 5602	61	122	122	〃. 予備台車1両(西工)
	TRS-60MB	FS-334B	2100	TW圧延	J-120A	2115~2118[4] 2215~2218[4]. 2265~2268[4] 2365~2368[4] 2315~2318[4]. 2415~2418[4]	24	48				48	アルストム型台車. 空気バネ式.
	TRS-61M	FS-340	2200	〃	〃	2101~2114[14] 2201~2214[14] 2251~2264[14] 2351~2364[14] 2551~2570[20] 2651~2670[20] 2301~2314[14] 2401~2414[14] 2119. 2120. 2219, 2220, 2269 2270. 2369 2370. 2319. 2320. 2419 2420	136	272				272	〃　〃
	TRS-62M	FS-356	2300	〃	J-424	8201~8266[66] 8301~8366[66]. 8801~8814[14] 8856~8866[11] 8501~8568[68]	225	450				450	ミンデン型台車，〃
	TRS-62T	FS-056	〃	〃	J-423				8101~8166[66] 8401~8466[66] 8701~8714[14] 8756~8766[11] 8601~8668[68]	225	450	450	〃　〃
	TRS-62MD	FS-356D	〃	〃	J-424	1821~1828[8]. 1831~1838[8]	16	32				32	〃　〃
	TRS-62TD	FS-056D	〃	〃	J-423				1811~1818[8]. 1841~1848[8]	16	32	32	〃　〃
	TRS-63M	FS-357	〃	〃	J-424	6101~6122[22]	22	44				44	〃　〃
	TRS-63T	FS-057	〃	〃	J-423				6201~6222[22]	22	44	44	〃　〃
	TRS-67M	FS-370	〃	〃	J-484	1701~1706[6]→1781~1786[6]	54	108				108	S型ミンデン台車.〃
	TRS-75M	FS-396	2200	〃	J-554	8267~8291[25] 8367~8391[25] 8293~82102[10]. 8393~83102[10] 8867~8872[6]. 8569, 8570 1861~1868[8]	86	172				172	〃 ダイレクトマウント方式台車
	TRS-75T	FS-096	〃	〃	J-553				8167~8173[7] 8175. 8177 8179 8181 8183. 8185. 8187 8189 8191. 8193 8195. 8197 8199 81101 8467~8472[6]. 8474 8476. 8478 8480. 8482 8484 8486. 8488. 8490. 8491. 8494 8496. 8498. 8490. 84102. 8767~8772[6] 8973~8990[18] 8973~89102[10] 8669. 8670	86	172	172	〃 〃
日立	TRH-58M	FS-10	2500	T77	J-31	7322. 7323. 7324. 7861~7868[8]	11	22				22	軸バネ式台車
	TRH-58T	〃	〃	〃	〃				864. 865. 866. 867. 868	5	10	10	〃
日本車両	TRN-29M	D-16-A	2450	T78	J-150	3127. 3128. 3130. 3316. 3322. 3502.	6	12				12	釣合バネ式台車
	TRN-29T	D-16-B D-18-B	2130	〃	J-406				3209. 3251 3420. 3421 3425. 3428 3430. 3452, 3456 3662. 3663	11	22	22	〃
	TRN-37	D-18-A	2450	〃	J-150	3118. 3124(N-38) 3126 3129. 3320. 3321. 3501 3505 3157. 3159 3358. 3557. 3561 3562. 3563(N-38) 3373	16	32				32	〃
	TRN-50	W-2-18	2300	〃	J-404				3271 3276. 3476. 3429, 3453 3651. 3652 3653 3661 3664	10	20	20	ウイングバネ式台車. ボルスターベース Δ
	TRN-53	NL-1	2500	T77	J-31				803. 804. 805. 806. 807 889	6	12	12	軸バネ式台車.
汽車会社	TRK-27	ボールドウィン	2440	TW	J-406				3227. 3415. 3417. 3418.	4	8	8	釣合バネ式台車
	TRK-29	〃	2130	T78	〃				3220. 3222. 3407 3413. 3419. 3603	6	12	12	〃
	TRK-45	〃	2450	〃	J-150	3171. 3173. 3371. 3372. 3574	5	10				10	〃
	TRK-49	〃	2300	〃	〃	3352. 3356. 3555. 3559.	4	8				8	〃
	TRK-50	HW-16	〃	〃	J-405				3252. 3254. 3256. 3655. 3659	5	10	10	ウイングバネ式台車.
	TRK-53	KS-105	2400	T77	J-151				700. 701.	2	4	4	〃
東芝	TRT-52T	TT-3	〃	〃	J-31				702. 703. 704. 705.	4	8	8	軸バネ式台車
ブリル	TRB-24	27-MCB-2	2134	TW	平軸受	1101.	1	2				2	釣合バネ式台車.
国鉄型	TR-11	TR-11	2450 2438.4	TW 圧延	J-445				3201~3204[4] 3206. 3211~3213[3] 3215~3219[5] 3221. 3223~3225[3]. 3228~3230[3] 3401 3411 3424. 3427 3253. 3255. 3257~3260[4] 3454 3455. 3457~3460[4] 3654. 3656, 3657 3658. 3660.	41	82	82	〃
	TRS-31	TRS-31	2450	T76	平軸受				クエ7001	1	2	2	〃
	TR-25	TR-25	2500	T77	J-148				300 309. 310. 320. 329 360. 361. 362. 363. 800. 801	11	22	22	軸バネ式台車. 予備台車1両(西工)
	TR-25A	TR-25A	〃	〃	JF12, J-31	7300. 7302~7317[16] 7325~7329[5]	22	44	302~308[7]. 311~317[7]. 321~326[6]. 861~863[3] 891~894[4]	27	54	98	〃
計							801	1602		584	1168	2770	1385両

モハ3250(→モハ3561→モハ3322)の茶色時代(主制御器側)。２基パンタと非貫通の前面を持ち、側引戸が交換された以外は原形をよく保っている。２段ある検査表記のうち下段は「37-10/34-10西工」、上段は「36-10/35-10西工」とあり、下段は全般検査、上段はその中間の重要部検査と思われる。デハ６形由来の同車は台車が日車D-16となり、乗務員扉が付いた。1958(昭和33)年10月に貫通側の運転室を撤去し、客室化改造された。
1961.2.2　業平橋　P：丸森茂男

６．東武3000系の種車写真(下)

この項では、3000系列に更新されてほぼ統一された姿となる前の種車１両１両について、上巻のモハ3200～3247に引き続き、中巻ではモハ3250～モハユ3290・クハ220～クハ569・モニ1170までを取り上げる。

電動車の中ではデハ６形由来のモハ3250形3250～3254、運輸省規格型クハ430形を電装化したモハ3260形3260～3264、デハ４形由来の荷物合造車モハニ3270形3270～3282、クハユ３形由来で、電装化して郵便合造車となったモハユ3290形3290がある。

■車両竣工図表　デハニ４形21～25(後のモハニ3270形3270～3274)　資料所蔵：亀井秀夫

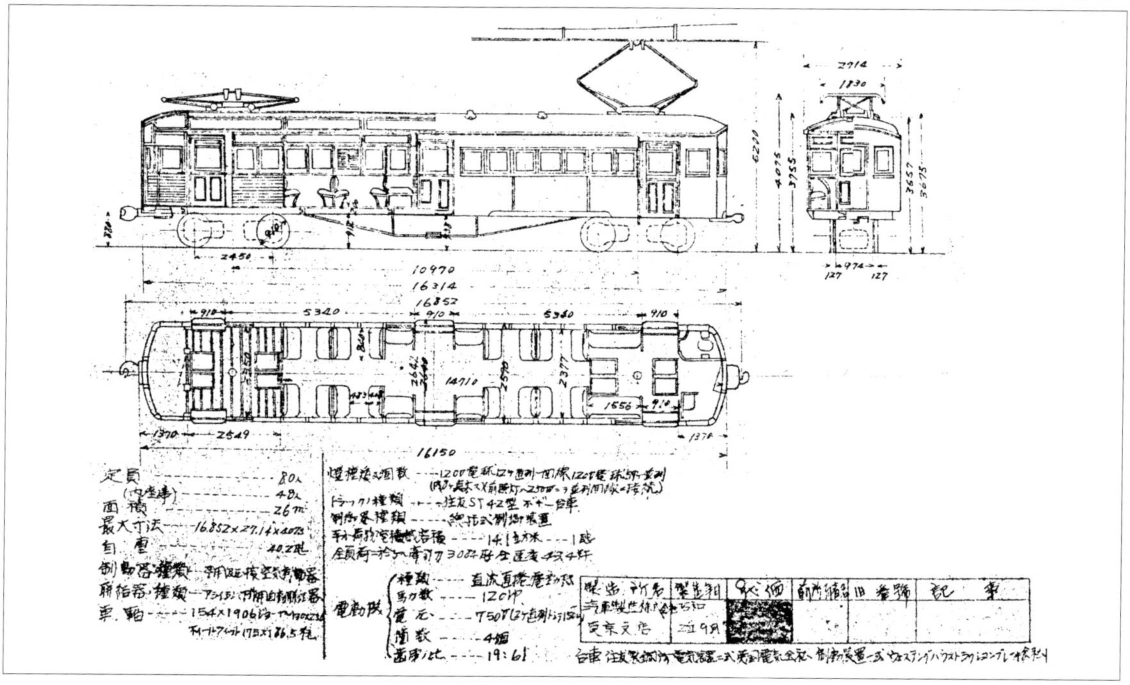

モハ3251(→モハ3562→モハ3130)の茶色時代で、非パンタ・電気側から見る。1958(昭和33)年７月に後位側の運転台を撤去して客室化された。1961(昭和36)年３月の事故で前面を大破。復旧に際し方向転換を行い、副運転台側を本運転台とした。　1964.3.20
新栃木検修区
P：宇野　昭

そして電動車以上に複雑怪奇なのが制御車である。1926(大正15)年に、電車になる前提の客車として製造されたホハ由来のクハ220形220～224、総武鉄道を東武への合併時に引き継いだクハ220形225・226、前述の客車グループの末尾ホハ59・60全鋼製車由来のクハ230形、東武の蒸気運転時代に製造された木造客車を鋼体化したクハ101形由来のクハ240形、クハニ２形由来のクハニ270形荷物合造車から普通車に改造されたクハ250形、クハユ１形・クハニ１形由来の郵便合造車クハユ290形、クハユ３形由来のクハユ290形を普通車に改造したクハ410形、クハ１形・クハユ１形由来で戦災後復旧したクハ420形A・Bタイプの420～422、運輸省規格型クハ330形由来のクハ420形Cタイプ、戦災省電たたき直しのクハ450形、総武鉄道モハニ1101形由来の電装解除車クハニ470形、クハニ４形の戦災復旧たたき直しのデハユ３を電装解除したクハユ490、木造客車を1941(昭和16)年に鋼体化したサハ101形由来のクハ540形、1950(昭和25)年の2回目に木造客車を鋼体化したサハ80形を制御車化改造で生まれたクハ550形(二代目)などがある。

そしてデハ５形40を火災復旧の際に大正時代のHL制御を搭載してデニ１に復旧、1951(昭和26)年の大改番でモニ1170となったが、昭和46年にサハ3682に更新された車両も含まれる。電装品は流用せずに3000系に更新された唯一の車で、かつ最後に3000系に更新されたモニ1170までをご紹介する。

デハ81→モハ3252(→モハ3563→モハ3127)。写真はモハ3252の前身となるデハ81である。東武の昭和初期までの車両は、細いウィンドウシルとウィンドヘッダーが窓周りのみとなっているのが特徴。　1940.9.15　西新井電車庫　P：中村夙雄

モハ3253(→モハ3564→モハ3316)のオレンジ+ベージュ２色時代。パンタは後位側に１基で、前面窓はHゴム支持になっている。　1968.1.3　柏　P：中村夙雄

モハ3254(→モハ3565→モハ3502)の茶色時代。パンタが２基の原形を残す姿。　1961.2　業平橋　P：宇野　昭

モハ3260(→モハ3566→モハ3128)のオレンジ+ベージュ時代。モハ3260形は運輸省規格型由来のクハ430形を電装化して3200番代の空いている60番代に編入された形式で、客車流用の台枠がよくわかる。
1967.4.23　野田電車区
P：矢崎康雄

モハ3261(→モハ3567→モハ3320)のオレンジ+ベージュ時代。客車流用の台枠の形状が異なり、車端部の絞りが見られない。台車はコロ軸受化されている。
1967.4.23　野田電車区
P：矢崎康雄

モハ3262(→モハ3568→モハ3321)の茶色時代。台枠は車端部に絞りのあるタイプとなっている。パンタからの母線が正面間柱を通っているが、後に左隅に移設された。
1958.1.19　野田電車区　P：中村夙雄

モハ3263(→モハ3581→モハ3501)の茶色時代。正面からの姿は10頁を参照。
1964年頃　岩槻
P：合葉清治

モハ3264(→モハ3582→モハ3129)のオレンジ＋ベージュ時代。パンタ母線は両隅に分かれて配置。台車はコロ軸受化されている。　1967.4.23　野田市
P：矢崎康雄

モハニ3270(→モハ3504→モハ3105)を最後尾に従えた準快速浅草行で、編成は後部よりモハニ3270＋クハ557＋クハ262＋モハ3247。モハニ3270は旧デハ4形トップナンバーのデハ21が出自で、荷物室は正運転室側の客扉と窓２枚分を使用している。荷物室の扉は木製のままである。
1959.12.25　北千住　P：阿部一紀

モハニ3271(→モハ3505→モハ3104)他４両による茶色時代の準急浅草行。3270～3274は車体裾が一直線の切り欠きなしである。
1962.10.21　西新井　P：宇野　昭

モハニ3273(→モハ3506→モハ3107)の茶色時代。「荷物室」と書かれた木製の荷物室扉と隣接する窓２枚の室内側に保護棒が見える。後位側のパンタは折りたたまれている。
1960.8　東武宇都宮
P：渡辺和義

モハニ3274(→モハ3507→モハ3110)のオレンジ＋ベージュ時代。台車はコロ軸受化されている。
1965.5.22　栃木　P：塚越哲男

モハニ3275(→モハ3508→モハ3103) 他4両による東武日光・鬼怒川温泉行。茶色時代で主制御器の見える電気側。腰高の側面であるためか、車体外板に切り欠きがある方が軽快に見える。台車はコロ軸受化されている。
1963.9.22　曳舟　P：宇野　昭

モハニ3276(→モハ3509→モハ3503) の茶色時代で、空気側を見る。前位側のパンタを上げている。台車は平軸受のままである。
1960.8　曳舟　P：宇野　昭

モハニ3278(→モハ3510→モハ3507) の茶色時代で、客扉は木製の原形を保つ。空気側で貫通路付きの副運転台側を先頭にした姿。
1954.10　杉戸　P：竹中泰彦

モハニ3279(→モハ3511→モハ3112)　オレンジ+ベージュ時代の空気側。荷物室扉は木製。台車はコロ軸受化済み。
1964.4.26　春日部　P：中本雅博

モハニ3280(→モハ3554→モハ3113)のオレンジ+ベージュ時代の空気側で、台車はコロ軸受化済み。
1965.5.22　栃木　P：塚越哲男

モハニ3281(→モハ3535→モハ3119)の茶色時代。荷物室・客室共に木製の扉で、台車は平軸受の原形を保つ姿。手前が電気側で、前位のパンタを上げている。
1952.4.13　曳舟
P：佐藤進一

(デハ34→デハニ34→)モハニ3282(→モハ3536→モハ3116)。モハニ3282の前身であるデハ34時代の空気側側面。手前の扉には「手荷物室」と書かれている。
1941.1.1　西新井電車庫
P：中村夙雄

モハユ3290(→モハ3537→モハ3504)による単行の荷電で、オレンジ1色時代の空気側の姿。1928(昭和3)年汽車製クハユ3形7を1932(昭和7)年に電装化してデハユ1形1とし、1951(昭和26)年の大改番でモハユ3290形3290となったもの。1,100mm幅の両開き荷物室扉が特徴で、ステップ付の乗務員出入口がある。台車はコロ軸受化されている。
1963.9.22　川越市　P：宇野　昭

クハ220(→クハ3601→クハ3402)の茶色時代で、連結次位はモハ1400。クハ220は1926(大正15)年日車製の電車型客車ホハ54から電車(制御車)となった車両で、乗務員出入口はなく、車端部の小さな窓に「乗務員室」と書かれている。床下にはトラス棒が付き、弓型イコライザー台車を履く。
1962.11.25　西新井工場　P：宇野　昭

クハ221(→クハ3602→クハ3409)の茶色時代。1926(大正15)年汽車製で車体裾の切込みがない。客扉は木製で、屋根両端にはパンタ台が見える。
1958.1.19　野田電車区
P：中村夙雄

クハ222(→クハ3603→クハ3403)の茶色時代。客扉は鋼製プレス扉に交換されている。
1962.9.5　野田市
P：宇野　昭

クハ224(→クハ3605→クハ3601)の茶色時代。客扉は鋼製プレス扉へ交換後の姿。　1961.7.23　大宮　P：阿部一紀

クハ225(→サハ3641→サハ3222)のオレンジ+ベージュ時代。総武鉄道モハ1004が東武鉄道合併後に電装解除されて東武クハ225となった車両で、運転室が狭く、1963(昭和38)年1月に西新井工場で台枠を200mm延長して運転室を拡張、乗務員扉と貫通扉が設けられた。台車はコロ軸受化されている。
1966.2.19　柏　P：中村夙雄

クハ226(→サハ3642→サハ3220)のオレンジ+ベージュ時代。正面窓はHゴム支持化されている。総武鉄道由来の車両は側窓が2段窓で正面貫通扉が付き、同時期の東武車両とは違ったスタイルを持つ。1963(昭和38)年4月に西新井工場で台枠を200mm延長して運転室を拡張。乗務員扉と貫通扉が設けられた。
1967.4.23　野田電車区　P：矢崎康雄

クハ230(→クハ3606→クハ3602)。1926(大正15)年日車本店製ホハ59電車型客車を電車化したもので、日車初の全鋼製車体を持つ。2段窓と前面3つ折平面の特徴がよくわかる。屋根両端にパンタ台があるが電装化はされなかった。客扉は鋼製プレス扉に交換後。
1960.10.9　春日部　P：阿部一紀

日本車輛製造株式會社

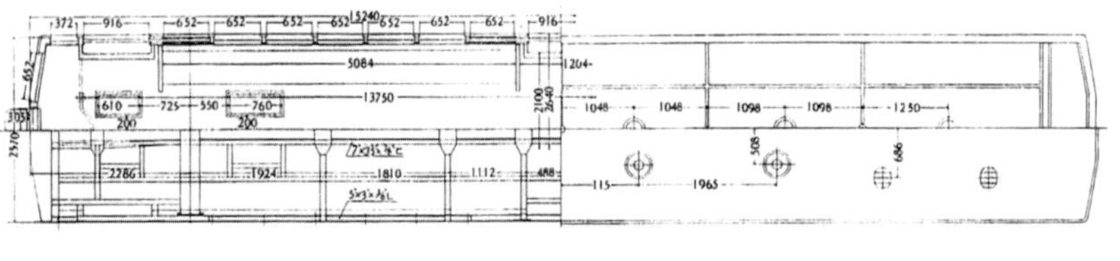

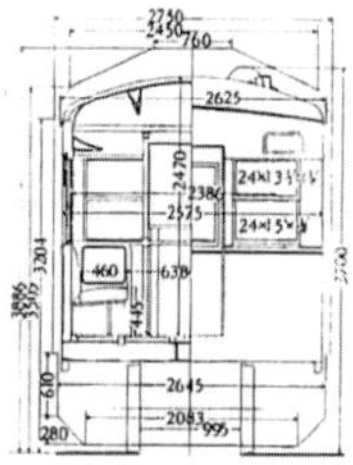

――郊外用電動客車――

全鋼製

（東武鐵道株式會社納）

郊外専用ニ設計シ構造ノ一般ヲ鐵道省客車ニ準ヒ之レニ中央入口扉ヲ設ケテ電化ノ前後ニ於テ客車、電車、兼用ニ使用シ得ル様構造ニ意ヲ用ヒタリ、其他眞空制動機、蒸氣暖房装置、自働連結器ヲ取付ケタリ

設備其他

一般

軌間	3呎6吋
車ノ種類	郊外用
定員	座席48名・立席48名
戸装置	手働引戸及開戸
窓	上昇式
通風装置	椀型
連結器	自働聯結器
制動機	手用及眞空

各部

天井	プレーン、アーチ型
床	木
柱	U字型
外側鈑	3/32″ 軟鋼鈑
大サ　車内	長サ（衝立柱間）45′～1″ × 高サ（床天井間）7′～11¼″ × 幅（最大）7′～10″
大サ　最大	（ダシュボート間）50′～2″ × （軌條面ヨリトロリーベース迄）12′～1½″ × （最大）8′～7⅜″
ボギー中心距離	35′～0″
重量（車体）	14.48噸

クハ231(→クハ3607→クハ3405)の茶色時代。クハ230と同様、電車型客車で全鋼製車体のホハ60から電車化された。客扉は木製である。運転室は極端に狭い。
時期不明　池袋　P所蔵：鈴木靖人

クハ240(→サハ3661→サハ3216)。大正期製造の客車の台枠と台車を流用し、1941(昭和16)年と1943(昭和18)年の2回に亘って鋼体化改造されてクハ101～109が生まれた。1951(昭和26)年の大改番でクハ240形となった最初の車。茶色時代。正面貫通幌付で客扉は木製である。　1956.7.12　川越車庫
P：伊藤　昭

クハ241(→サハ3662→サハ3226)のオレンジ1色時代。客扉は鋼製プレス扉化されている。客車の台枠を流用しているため、前面は平妻である。
1963.12.20　川越市　P：矢崎康雄

クハ242(→サハ3663→サハ3224)のオレンジ1色時代。客扉は鋼製プレス扉に交換後の姿。
1963.11.23　川越市　P：中本雅博

クハ243(→クハ3664→クハ3424)。窓ガラスには十字の桟が入り、戦後間もない頃の撮影と思われる。クハ240形は前位左側にトイレが設置されていて、貫通路を隔てた右側片隅が運転室で、乗務員扉は右側のみに設置されていた。
時期・場所不明　P所蔵：豊永泰太郎

クハ245(→サハ3666→サハ3221)の茶色時代。245は1960(昭和35)年8月にトイレの撤去と運転室の全室化を行い、左側にも乗務員扉が付いた。客扉は鋼製プレス扉交換後の姿。次位はモハ3212。
1961.4.29　池袋　P：阿部一紀

クハ244(→サハ3665→サハ3217)を先頭にした準急「さだみね」小川町行。244は1960(昭和35)年3月に前位にあったトイレを撤去し、運転室を全室化して左側にも乗務員扉が付いた。写真はオレンジ+ベージュ時代で、正面窓はHゴム支持化されている。
1964.11.8　池袋　P：宇野　昭

クハ246(→クハ3667→クハ3427)のオレンジ1色時代。1960(昭和35)年9月にトイレの撤去と運転室の全室化を行い、左側にも乗務員扉が付いた。客扉は鋼製プレス扉に交換されている。
1963.9.22　川越電車区　P：宇野　昭

クハ248(→サハ3669→サハ3201)の茶色時代。全室運転室化改造後の姿で、貫通幌取付座が付いている。正面窓がHゴム支持化されている。
1964.5.2　新栃木　P：中本雅博

クハ251(→クハ3609→クハ3426)のオレンジ+ベージュ時代で、モハ3242と2両編成を組み野田線を行く。クハ251はクハニ2形から1951(昭和26)年の大改番でクハニ270形となり、1954(昭和29)年12月に宇都宮車両で荷物室を撤去されてクハ250形251となった。乗務員扉下にステップがある。
1965.10.16　野田市　P：中村夙雄

クハ252(→クハ3610→クハ3404)の茶色時代。1955(昭和30)年1月に宇都宮車両で荷物室を撤去されてクハ250形252となった。乗務員扉下にステップがある。
1962.10.21　西新井
P：宇野　昭

クハ253(→クハ3611→クハ3423)の茶色時代。1954(昭和29)年6月に宇都宮車両で荷物室を撤去されてクハ253となった。後位側にトイレがあり、前位側にはパンタ台が見える。台車はコロ軸受化されている。
1964.12.3　東武宇都宮
P：塚越哲男

クハ254(→サハ3612→サハ3207) を先頭にした４連。日光線準急用モハ3210形の相方クハとして６両が選ばれて、1955(昭和30) 年12月に富士重工で更新修繕されたクハ254のその直後の姿。２両固定化されてモハのMGはクハに移設。車体色はライトブルー＋クリーム色となり、室内は出入口のステップを撤去してクロスシート化された。前後には貫通幌が付いた。 1956.4.17 小菅—五反野 P：丸森茂男

上写真の５年半後のクハ254。車体塗色は茶色になり、正面窓はHゴム支持になった。乗務員扉下のステップはなくなり、台車はコロ軸受化されている。 1962.11.25 業平橋 P：宇野 昭

クハ255(→サハ3613→サハ3214) の茶色時代。貫通幌付きで、乗務員扉下のステップはない。1956(昭和31) 年１月に富士重工で更新修繕を受けて、クロスシート化された。 1961.5 東武日光 P：村多 正

クハ259(→サハ3617→サハ3205) の茶色時代。貫通幌付きで、乗務員扉下のステップはない。1956(昭和31) 年４月に汽車で更新修繕を受けて、クロスシート化された。屋根上の碗状通風器はガーランド式に交換されている。 1961.5 東武日光 P：村多 正

クハ260(→クハ3627→クハ3430)の茶色時代。1955(昭和30)年4月に日車で更新修繕されたが、準急用ではなく一般車である。正面は非貫通の中央運転台のままで、乗務員扉下にはステップが残されている。
1964.3.20　新栃木検修区
P：宇野　昭

クハ261(→クハ3628→クハ3421)の茶色時代。1955(昭和30)年6月に日車で一般車として更新修繕された直後の姿。後位側からとらえたもので、トイレは最後部に移設されている。客扉は木製で、前位側にはパンタ台と歩み板があり、乗務員扉下にはステップが見える。　1957.1　業平橋　P：佐藤進一

野田線に転じたクハ261のオレンジ+ベージュ時代。正面は非貫通で中央運転台のままであるが、出入口のステップは撤去され、台車はコロ軸受化されている。　1967.3　鎌ヶ谷　P：宇野　昭

クハ262(→クハ3629→クハ3420)の茶色時代。1955(昭和30)年4月に日車で更新修繕された。客扉は鋼製プレス扉で、乗務員扉下にはステップが見える。
1964.5.2　新栃木　P：中本雅博

クハ264(→クハ3631→クハ3428)のオレンジ+ベージュ時代。1955(昭和30)年2月に日車で更新修繕された。客扉は鋼製プレス扉で、乗務員扉下にはステップが見える。台車はコロ軸受化されている。　1965.8.1　六実　P：中村夙雄

クハ265(→サハ3632→サハ3209)の茶色時代。1955(昭和30)年2月に日車で更新修繕された。1928(昭和3)年汽車製で、車体裾部の外板は切り欠きなしの一直線。客扉は木製で、乗務員扉下と共にステップ付。最後部にトイレ、屋根前端部にはパンタ台が見える。　1955.5.31　東武日光
P：中村夙雄

クハユ290(→クハ3618→クハ3604)のオレンジ+ベージュ時代。改番の多い東武としては極めて異例のクハユ1形1から1951(昭和26)年大改番でクハユ290となった郵便室付制御車。原形をよく残す外観であるが、1959(昭和34)年2月に相棒モハ5421とともに脱線転覆大破。2両とも津覇車両に入場し、車体を新製して同年5月に復旧。新車体は両方ともに貫通扉付となり、車体裾の切込みがなくなってノーリベットとされているが、よく見るとウィンドヘッダーや出入口周辺にリベットが残り、完全な新製ではないようである。
1966.3.5　館林　P：中村夙雄

クハユ292(→クハ3619→クハ3412)の茶色時代。屋根の前位にパンタ台があり、乗務員扉下にステップが残る。荷物室両開き扉は1,220mm幅である。弓型イコライザー台車は平軸受のままである。
1963.6.29　曳舟　P：宇野　昭

クハユ293(→クハ3620→クハ3605)のオレンジ+ベージュ時代。屋根の前位にパンタ台があり、乗務員扉下がかさ上げされ、客用出入口とともにステップが撤去された。台車はコロ軸受化されている。　1966.7.11　館林検修区
P：宇野　昭

クハユ294(→クハ3621→クハ3607)の茶色時代。屋根の前位にパンタ台があり、客用扉と乗務員扉下にステップが残る。台車は平軸受のままである。　1956.9.9　曳舟　P：伊藤威信

クハユ295(→クハ3622→クハ3416)の茶色時代。屋根の前位にパンタ台がある。客出入口はステップがなくなり、客扉は鋼製プレス扉に交換された。乗務員扉下にはステップが残る。台車は平軸受のままである。　1962.9.9　曳舟　P：宇野　昭

クハユ296(→クハ3639→クハ3417)のオレンジ+ベージュ時代。客出入口はステップがなくなり、客扉は鋼製プレス扉に交換された。乗務員扉下にはステップが残る。台車は平軸受のままである。
1964年頃　杉戸?　P：合葉清治

クハユ299(→クハ3640→クハ3418)の茶色時代。1928(昭和3)年汽車製で、車体裾の切込みなしの一直線である。屋根の前位にパンタ台がある。客扉は鋼製プレス扉に交換され、客用出入口にはステップがなく、乗務員扉下にはステップが残る。台車は平軸受のままである。荷物室両開き扉は1,100mm幅である。
1960.4　池袋　P：宇野　昭

クハ410(Ⅱ)(→クハ3652→クハ3415)の茶色時代。1956(昭和31)年にクハユ297の郵便室を撤去して客室化され、クハ410形410になった。この際に1,100mm幅であった郵便室用の両開き扉は他の客用扉と同じとなった。客用扉は鋼製プレスドアで乗務員出入口とともにステップはなくなった。片運転台で副運転室とトイレはない。前位側屋根上にはパンタ台がある。
撮影期日不明　池袋　P：園田正雄

クハ411(Ⅱ)(→サハ3653→サハ3227)の茶色時代。1956(昭和31)年にクハユ298の郵便室を撤去して客室化され、クハ410形410になった。411と同様に郵便室用の両開き扉は他の客用扉と同じとなり、客用扉は鋼製プレスドアで乗務員出入口と共にステップはなくなった。前位側屋根上にはパンタ台がある。
1959.11.3　池袋　P：阿部一紀

クハ420（→クハ3624→クハ3414）の茶色時代で、鬼怒川線で活躍中の姿。1925（大正14）年日車製の東武の電車としては二次車に当たる初の半鋼製車クハ１形クハ３を、1937（昭和12）年に電装化してデハ101形101としたもの。1945（昭和20）年に戦災に遭い、1948年にクハ420として復旧。特徴的だった前面５枚窓は３枚窓に改められた。車体裾の切り欠きなしで、客用出入口、乗務員出入口ともにステップなしである。連結相手はモハニ1670形のようである。

1959年　新高徳　P：佐藤進一

クハ421（→クハ3625→クハ3606）を先頭にした野田線船橋行。420と同様に、戦災に遭ったデハ104を復旧してクハ421となった。420とスタイルは同じで、前位側にはパンタ台がある。３枚窓となった非貫通の前面はクハ250形と似ているが、420と421の正面の雨樋は曲線でなく一直線に近い形状である。

1962.9.5　野田市　P：宇野　昭

クハ422（→クハ3626→クハ3410）の茶色時代。戦災に遭ったクハユ3を復旧の際に同時に入場していたデハ90として出場したが、入場中に入れ替わって間違えたというエピソードがある。1948（昭和23）年の復旧で郵便室扉が客用扉になり、縮小された郵便室部分に窓が増設された。客用出入口、乗務員出入口ともにステップなし。ガーランド式通風器と前位にパンタ台が見える。

1962.9.5　野田電車区　P：宇野　昭

クハ425（→サハ3649→サハ3213）のオレンジ＋ベージュ時代。客車ホハ18を電車化したサハ10を名目上の種車として、運輸省規格型に合わせた車体を新製して生まれたクハ334を1951（昭和26）年の大改番でクハ420形425とした。外観はあまり変化がなく、前面は非貫通のままである。

1965.9.18　野田電車区　P：宇野　昭

クハ426(→サハ3650→サハ3223) の茶色時代。前面は非貫通で中央運転台である。　1964年頃　梅郷　P：合葉清治

クハ450(Ⅱ)(→クハ3671→クハ3429) のオレンジ+ベージュ時代。窓配置、前面ともに省電モハ30の面影を色濃く残しているが、台車は戦後生まれのウィングバネ式の日車W-2-18(東武形式：TRN-50)を履く。
1967.4.23　野田電車区
P：矢崎康雄

クハニ470(→クハ3643→クハ3407) の茶色時代。総武鉄道由来の2段窓が特徴であるが、正面の貫通路は埋められて非貫通となっている。前位の扉と窓2枚部分が荷物室となっている。客扉は製鋼製プレス扉に交換済み。出入口にはステップはない。
1960.4.29　柏　P：中村夙雄

クハニ471(→クハ3644→クハ3413)＋モハ1403の茶色時代の姿。前身は総武鉄道モハニ1102→モハニ1270で、重要部検査出たての姿。クハニ470と違い、乗務員扉がなく、正面には貫通扉が残されて原形に近い。
1963.7.13　西新井
P：丸森茂男

クハニ472(→クハ3645→クハ3603)の茶色時代の姿。前身は総武鉄道モハニ1103→モハニ1271で、「33-1/36-1西工」の全般検査出場直後の姿。荷物室、客扉は木製でパンタ台と歩み板が残る。前照灯の取付方が他車と異なっている。床下機器は空気ブレーキ装置と小さな蓄電池以外にほとんど機器を持たない。
1958.1.19　野田電車区
P：中村夙雄

クハニ473(→クハ3646→クハ3419)のオレンジ＋ベージュ時代。470～472に比べて車端部の窓が落とし窓でなく2段窓になったほか前面窓に桟が入り、戸袋窓の桟が太く他と高さが食い違うなど、ひどく野暮ったく見えるスタイルである。台車はコロ軸受化されている。　1967.4.23　野田電車区　P：矢崎康雄

クハ541(→サハ3668→サハ3230)。木造客車の鋼体化で1941(昭和16)年にサハ101となり、1951(昭和26)年の大改番でサハ70となった後、1958(昭和33)年4月に富士重工でトイレを撤去し、その跡に運転台を付けてクハ541となった。茶色時代の改造直後の姿である。客車の台枠流用で平妻となった旧型国電風の貫通型前面と広い側窓が並ぶゆったりしたスタイルが特徴。碗状通風器と切り欠きのある腰板が戦前生まれの東武らしい。
1960.4　池袋　P：宇野　昭

クハユ490(→クハ3623→クハ3408)の茶色時代。クハニ4形32を電装化してデハニ4となった後、すぐにデハ8形90に改造。戦災に遭い、復旧したクハユ3が1951(昭和26)年の大改番でクハユ490となったもの。1929(昭和4)年日車生まれの同期であるクハニ33と34はデハ91・92からモハニ5473・5474となったが、パンタを外せばほぼ同じスタイルである。車体裾の切込みのない一直線。出入口はステップがなく、台車はコロ軸受化されている。
1963.11.3　業平橋　P：宇野　昭

クハ542(→サハ3633→サハ3229)の茶色時代。前面窓はHゴム支持になった。台車はコロ軸受化されている。
1959.1.25　川越電車区　P：中村夙雄

クハ543(→サハ3647→サハ3211)のオレンジ+ベージュ時代。1958(昭和33)年２月に富士重工でクハ543に改造された。「45-2西工」で全般検査出場直後の姿。前面窓はHゴム支持、台車はコロ軸受化済み。
1970.3.8　七光台検修区
P：中村夙雄

クハ557(→サハ3648→サハ3202)のオレンジ+ベージュ時代の後ろ姿で、台枠からトラス棒が見える。車端部の窓は曇りガラスとなっており、貫通路には幌がない。1954～1955(昭和29～30)年にサハ80形を制御車化する改造が日車で行われ、クハ550形(二代目)550～562となった。
1969.9.12　春日部検修区
P：宇野　昭

クハ559(→サハ3634→サハ3218)のオレンジ+ベージュ時代。外観はクハ540形と似ているが、ガーランド式通風器が見える。床下にはトラス棒があり、前面窓はHゴム支持化され、台車はコロ軸受になっている。
1969.9.28　七光台検修区
P：中村夙雄

クハ564(→サハ3635→サハ3219)の茶色時代。前身はホハ39→サハ30→ サハ87で、1956(昭和31) 年に日本電装で制御車化改造を行った563 ～ 566のうちの１両である。妻面左下には「昭和24年 汽車会社」の銘板が付いている。
1958.1.19　野田電車区　P：中村夙雄

クハ566(→サハ3681→サハ3215) のオレンジ+ベージュ時代。前身は成田鉄道ホハ13(Ⅱ) →サハ42→サハ93で、伊勢崎線の準急浅草行に充当され、モハ3210形の先頭に立ち活躍する姿。
1969.3.2　牛田　P：塚本新一

クハ565(→サハ3672→サハ3204) のオレンジ+ベージュ時代。前身はホハ40→ サハ31→サハ88で、1956(昭和31) 年の制御車化改造でクハ565となった。車端部が絞られた客車台枠の形が分かる。前面窓はHゴム支持となり、前面の腰板は下方に延長されている。
1967.4.23　野田電車区
P：矢崎康雄

クハ567(→サハ3636→サハ3228) のオレンジ+ベージュ時代。前身は成田鉄道ホハ11(Ⅱ) →サハ41→サハ92で、1956(昭和31) 年の制御車化改造でクハ567となった。前面窓はHゴム支持となっているが、台車は平軸受のままである。
1967.5.3　柏　P：矢崎康雄

クハ568(→サハ3637→サハ3203) のオレンジ+ベージュ時代。前身はホハ43→サハ34→サハ91で、1956(昭和31) 年の制御車化改造でクハ568となった。前面窓はHゴム支持となり、側引戸は腰にプレス凹みのない新しいタイプに交換されている。台車はコロ軸受化された。
1969.9.12　七光台電車区　P：宇野　昭

クハ569(→サハ3638→サハ3206)のオレンジ＋ベージュ時代。1958(昭和33)年に富士重工でサハ80形90を制御車化改造してクハ569になった車両で、台枠からのトラス棒がない。車端部のトイレはなく客室化されている。貫通路には幌がない。

1969.9.12　七光台検車区
P：宇野　昭

モニ1170(→サハ3682→サハ3212)。1928(昭和３)年日車製のデハ５形→デハ７形デハ40が1933(昭和８)年に火災に遭い、大正生まれのデハ２のHL制御の電装品を流用して同年に日車で復旧してデニ1となってから、他の仲間と別の道を歩み、1951(昭和26)年の大改番でモニ1170となった。写真は西新井工場の入換専用車であった茶色時代の空気側である。２ヶ所の1,500mmの両開き扉の側面が特徴で、ブリル台車を履く。

1955.3.20　西新井工場　P：佐藤進一

同じモニ1170のオレンジ＋ベージュ時代の姿(電気側)。1961(昭和36)年１月に野田線から西新井工場に転じてきたモハ1101と入れ替わり、本線用の荷物専用車となって働く姿。荷物扉は車体外板から浅い位置にある。乗務員扉下にはステップが残る。台車とモーターは流用されず、手持ちのTR11形台車を流用して1971(昭和46)年２月に3000系最後の更新車サハ3682(同年11月の改番でサハ3212)に生まれ変わった。

1966.7.11　舘林検修区
P：宇野　昭

■東武3000系更新車 車歴表（種車順）

作成：稲葉克彦

種車	改番後	更新時	台車形式	更新年月
モハ3200	モハ3313	モハ3501	TRS-28M	S45.5
モハ3201	モハ3109	モハ3502	TRS-28M	S41.2
モハ3202	モハ3118	モハ3569	TRN-37	S42.8
モハ3203	モハ3124	モハ3570	TRN-38	S43.3
モハ3204	モハ3505	モハ3571	TRN-37	S41.9
モハ3205	モハ3126	モハ3572	TRN-37	S43.5
モハ3206	モハ3101	モハ3503	TRS-28M	S39.12.15
モハ3210	モハ3102	モハ3516	TRS-28M	S40.4.7
モハ3211	モハ3327	モハ3552	TRS-28M	S44.8
モハ3212	モハ3315	モハ3553	TRS-28M	S45.6
モハ3213	モハ3302	モハ3540	TRS-28M	S45.11
モハ3214	モハ3318	モハ3518	TRS-28M	S44.11
モハ3215	モハ3324	モハ3519	TRS-28M	S44.4
モハ3216	モハ3123	モハ3520	TRS-28M	S43.2
モハ3217	モハ3328	モハ3521	TRS-28M	S44.10
モハ3218	モハ3303	モハ3522	TRS-28M	S45.3
モハ3219	モハ3506	モハ3523	TRS-28M	S41.11
モハ3220	モハ3311	モハ3524	TRS-28M	S45.10
モハ3221	モハ3114	モハ3525	TRS-28M	S42.4
モハ3222	モハ3329	モハ3526	TRS-28M	S44.12
モハ3223	モハ3306	モハ3527	TRS-28M	S45.2
モハ3224	モハ3121	モハ3528	TRS-28M	S42.11
モハ3225	モハ3122	モハ3529	TRS-28M	S42.12
モハ3226	モハ3117	モハ3530	TRS-28M	S42.7
モハ3227	モハ3125	モハ3531	TRS-28M	S43.3
モハ3228	モハ3325	モハ3532	TRS-28M	S44.5
モハ3229	モハ3120	モハ3533	TRS-28M	S42.10
モハ3230	モハ3310	モハ3512	TRS-28M	S44.7
モハ3231	モハ3308	モハ3513	TRS-28M	S45.12
モハ3232	モハ3314	モハ3514	TRS-28M	S44.6
モハ3233	モハ3307	モハ3515	TRS-28M	S45.9
モハ3234	モハ3106	モハ3538	TRS-28M	S40.9
モハ3235	モハ3305	モハ3539	TRS-28M	S46.1
モハ3236	モハ3326	モハ3517	TRS-28M	S45.8
モハ3237	モハ3312	モハ3541	TRS-28M	S46.2
モハ3238	モハ3304	モハ3542	TRS-28M	S45.4
モハ3239	モハ3115	モハ3543	TRS-28M	S42.5
モハ3240*1	モハ3111	モハ3544	TRS-28M	S41.5
モハ3241	モハ3319	モハ3545	TRS-28M	S45.1
モハ3242	モハ3317	モハ3546	TRS-30	S43.9
モハ3243	モハ3323	モハ3547	TRS-30	S45.7
モハ3244*2	モハ3108	モハ3548	TRS-30	S40.12
モハ3245	モハ3330	モハ3549	TRS-30	S44.2
モハ3246	モハ3301	モハ3550	TRS-30	S44.9
モハ3247	モハ3309	モハ3551	TRS-30	S44.6
モハ3250	モハ3322	モハ3561	TRN-29M	S44.3
モハ3251	モハ3130	モハ3562	TRN-29M	S43.12
モハ3252	モハ3127	モハ3563	TRN-29M	S43.6
モハ3253	モハ3316	モハ3564	TRN-29M	S43.8
モハ3254	モハ3502	モハ3565	TRN-29M	S40.8
モハ3260	モハ3128	モハ3566	TRN-29M	S43.7
モハ3261	モハ3320	モハ3567	TRN-37	S43.11
モハ3262	モハ3321	モハ3568	TRN-37	S44.1
モハ3263	モハ3501	モハ3581	TRN-37	S40.2.26
モハ3264	モハ3129	モハ3582	TRN-37	S43.8
モハニ3270	モハ3105	モハ3504	TRS-28M	S40.7
モハニ3271	モハ3104	モハ3505	TRS-28M	S40.6
モハニ3273	モハ3107	モハ3506	TRS-28M	S40.11
モハニ3274	モハ3110	モハ3507	TRS-28M	S41.3
モハニ3275	モハ3103	モハ3508	TRS-28M	S40.5
モハニ3276	モハ3503	モハ3509	TRS-28M	S41.2
モハニ3278	モハ3507	モハ3510	TRS-28M	S41.12
モハニ3279	モハ3112	モハ3511	TRS-28M	S41.8
モハニ3280	モハ3113	モハ3534	TRS-28M	S42.1
モハニ3281	モハ3119	モハ3535	TRS-28M	S42.9
モハニ3282	モハ3116	モハ3536	TRS-28M	S42.6
モハユ3290	モハ3504	モハ3537	TRS-28M	S41.7

*1：モハ3240の廃車体はS41.3クエ7001へ。
*2：モハ3244の廃車体はS41.6クエ7002へ。

種車	改番後	更新時	台車形式	更新年月
クハ220	クハ3402	クハ3601	TRS-26	S40.4.7
クハ221	クハ3409	クハ3602	TRS-26	S41.2
クハ222	クハ3403	クハ3603	TRS-26	S40.5
クハ223	クハ3406	クハ3604	TRS-26	S40.9
クハ224	クハ3601	クハ3605	TRS-26	S40.2.26
クハ225	サハ3222	サハ3641	TRK-29	S44.3
クハ226	サハ3220	サハ3642	TRK-29	S43.11
クハ230	クハ3602	クハ3606	TRS-26	S40.8
クハ231	クハ3405	クハ3607	TRS-26	S40.7
クハ240	サハ3216	サハ3661	TR-11	S43.8
クハ241	サハ3225	サハ3662	TR-11	S44.5
クハ242	サハ3224	サハ3663	TR-11	S44.4
クハ243	クハ3424	クハ3664	TR-11	S43.3
クハ244	サハ3217	サハ3665	TR-11	S43.9
クハ245	サハ3221	サハ3666	TR-11	S44.1
クハ246	クハ3427	クハ3667	TR-11	S43.6
クハ248	サハ3201	サハ3669	TR-11	S44.9
クハ250	クハ3422	クハ3608	TRS-28T	S40.12
クハ251	クハ3426	クハ3609	TRS-28T	S43.5
クハ252	クハ3404	クハ3610	TRS-28T	S40.6
クハ253	クハ3423	クハ3611	TRS-28T	S43.2
クハ254	サハ3207	サハ3612	TRS-28T	S45.9
クハ255	サハ3214	サハ3613	TRS-28T	S44.6
クハ256	サハ3208	サハ3614	TRS-28T	S45.12
クハ257	サハ3210	サハ3615	TRS-28T	S44.7
クハ258	サハ3226	サハ3616	TRS-28T	S45.8
クハ259	サハ3205	サハ3617	TRS-28T	S46.1
クハ260	クハ3430	クハ3627	TRN-29T	S43.12
クハ261	クハ3421	クハ3628	TRN-29T	S42.11
クハ262	クハ3420	クハ3629	TRN-29T	S42.10
クハ263	クハ3425	クハ3630	TRN-29T	S43.3
クハ264	クハ3428	クハ3631	TRN-29T	S43.7
クハ265	サハ3209	サハ3632	TRN-29T	S44.6
クハユ290	クハ3604	クハ3618	TRS-28T	S41.7
クハユ292	クハ3412	クハ3619	TRS-28T	S41.8
クハユ293	クハ3605	クハ3620	TRS-29	S41.9
クハユ294	クハ3607	クハ3621	TRS-29	S41.12
クハユ295	クハ3416	クハ3622	TRS-29	S42.6
クハユ296	クハ3417	クハ3639	TRK-27	S42.7
クハユ299	クハ3418	クハ3640	TRK-27	S42.8
クハ410	クハ3415	クハ3652	TRK-27	S42.5
クハ411	サハ3227	サハ3653	TRK-27	S44.8
クハ420	クハ3414	クハ3624	TRS-35T	S42.4
クハ421	クハ3606	クハ3625	TRS-35T	S41.11
クハ422	クハ3410	クハ3626	TRS-35T	S41.3
クハ425	サハ3213	サハ3649	TR-11	S45.5
クハ426	サハ3223	サハ3650	TR-11	S45.7
クハ428	クハ3411	クハ3651	TR-11	S41.5
クハ450	クハ3429	クハ3671	TRN-50	S43.8
クハニ470	クハ3407	クハ3643	TRK-29	S40.11
クハニ471	クハ3413	クハ3644	TRK-29	S42.1
クハニ472	クハ3603	クハ3645	TRK-29	S42.2
クハニ473	クハ3419	クハ3646	TRK-29	S42.9
クハユ490	クハ3408	クハ3623	TRS-29	S40.12
クハ541	サハ3230	サハ3668	TR-11	S44.2
クハ542	サハ3229	サハ3633	TR-11	S44.12
クハ543	サハ3211	サハ3647	TR-11	S45.10
クハ557	サハ3202	サハ3648	TR-11	S45.11
クハ558	クハ3401	クハ3670	TR-11	S39.12.15
クハ559	サハ3218	サハ3634	TR-11	S44.11
クハ564	サハ3219	サハ3635	TR-11	S45.1
クハ565	サハ3204	サハ3672	TR-11	S45.4
クハ566	サハ3215	サハ3681	TR-11	S45.6
クハ567	サハ3228	サハ3636	TR-11	S44.10
クハ568	サハ3203	サハ3637	TR-11	S45.3
クハ569	サハ3206	サハ3638	TR-11	S45.2
モニ1170	サハ3212	サハ3682	TR-11	S46.2

■東武3000系更新車 車歴表(編成順)

作成：稲葉克彦

改番後	更新時	台車形式	更新年月	種車
モハ3101	モハ3503	TRS-28M	昭39.12.15	モハ3206
サハ3201	サハ3669	TR-11	昭44.9	クハ248
モハ3301	モハ3550	TRS-30	昭44.9	モハ3246
クハ3401	クハ3670	TR-11	昭39.12.15	クハ558
モハ3102	モハ3516	TRS-28M	昭40.4.7	モハ3210
サハ3202	サハ3648	TR-11	昭45.11	クハ557
モハ3302	モハ3540	TRS-28M	昭45.11	モハ3213
クハ3402	クハ3601	TRS-26	昭40.4.7	クハ220
モハ3103	モハ3508	TRS-28M	昭40.5	モハニ3275
サハ3203	サハ3637	TR-11	昭45.3	クハ568
モハ3303	モハ3522	TRS-28M	昭45.3	モハ3218
クハ3403	クハ3603	TRS-26	昭40.5	クハ222
モハ3104	モハ3505	TRS-28M	昭40.6	モハニ3271
サハ3204	サハ3672	TR-11	昭45.4	クハ565
モハ3304	モハ3542	TRS-28M	昭45.4	モハ3238
クハ3404	クハ3610	TRS-28T	昭40.6	クハ252
モハ3105	モハ3504	TRS-28M	昭40.7	モハニ3270
サハ3205	サハ3617	TRS-28T	昭46.1	クハ259
モハ3305	モハ3539	TRS-28M	昭46.1	モハ3235
クハ3405	クハ3607	TRS-26	昭40.7	クハ231
モハ3106	モハ3538	TRS-28M	昭40.9	モハ3234
サハ3206	サハ3638	TR-11	昭45.2	クハ569
モハ3306	モハ3527	TRS-28M	昭45.2	モハ3223
クハ3406	クハ3604	TRS-26	昭40.9	クハ223
モハ3107	モハ3506	TRS-28M	昭40.11	モハニ3273
サハ3207	サハ3612	TRS-28T	昭45.9	クハ254
モハ3307	モハ3515	TRS-28M	昭45.9	モハ3233
クハ3407	クハ3643	TRK-29	昭40.11	クハニ470
モハ3108	モハ3548	TRS-30	昭40.12	モハ3244*1
サハ3208	サハ3614	TRS-28T	昭45.12	クハ256
モハ3308	モハ3513	TRS-28M	昭45.12	モハ3231
クハ3408	クハ3623	TRS-29	昭40.12	クハユ490
モハ3109	モハ3502	TRS-28M	昭41.2	モハ3201
サハ3209	サハ3632	TRN-29T	昭44.6	クハ265
モハ3309	モハ3551	TRS-30	昭44.6	モハ3247
クハ3409	クハ3602	TRS-26	昭41.2	クハ221
モハ3110	モハ3507	TRS-28M	昭41.3	モハニ3274
サハ3210	サハ3615	TRS-28T	昭44.7	クハ257
モハ3310	モハ3512	TRS-28M	昭44.7	モハ3230
クハ3410	クハ3626	TRS-35T	昭41.3	クハ422
モハ3111	モハ3544	TRS-28M	昭41.5	モハ3240*2
サハ3211	サハ3647	TR-11	昭45.10	クハ543
モハ3311	モハ3524	TRS-28M	昭45.10	モハ3220
クハ3411	クハ3651	TR-11	昭41.5	クハ428

*1：モハ3244の廃車体はS41.6クエ7002へ。
*2：モハ3240の廃車体はS41.3クエ7001へ。

改番後	更新時	台車形式	更新年月	種車
モハ3112	モハ3511	TRS-28M	昭41.8	モハニ3279
サハ3212	サハ3682	TR-11	昭46.2	モニ1170
モハ3312	モハ3541	TRS-28M	昭46.2	モハ3237
クハ3412	クハ3619	TRS-28T	昭41.8	クハユ292
モハ3113	モハ3534	TRS-28M	昭42.1	モハニ3280
サハ3213	サハ3649	TR-11	昭45.5	クハ425
モハ3313	モハ3501	TRS-28M	昭45.5	モハ3200
クハ3413	クハ3644	TRK-29	昭42.1	クハニ471
モハ3114	モハ3525	TRS-28M	昭42.4	モハ3221
サハ3214	サハ3613	TRS-28T	昭44.6	クハ255
モハ3314	モハ3514	TRS-28M	昭44.6	モハ3232
クハ3414	クハ3624	TRS-35T	昭42.4	クハ420
モハ3115	モハ3543	TRS-28M	昭42.5	モハ3239
サハ3215	サハ3681	TR-11	昭45.6	クハ566
モハ3315	モハ3553	TRS-28M	昭45.6	モハ3212
クハ3415	クハ3652	TRK-27	昭42.5	クハ410(Ⅱ)
モハ3116	モハ3536	TRS-28M	昭42.6	モハニ3282
サハ3216	サハ3661	TR-11	昭43.8	クハ240
モハ3316	モハ3564	TRN-29M	昭43.8	モハ3253
クハ3416	クハ3622	TRS-29	昭42.6	クハユ295
モハ3117	モハ3530	TRS-28M	昭42.7	モハ3226
サハ3217	サハ3665	TR-11	昭43.9	クハ244
モハ3317	モハ3546	TRS-30	昭43.9	モハ3242
クハ3417	クハ3639	TRK-27	昭42.7	クハユ296
モハ3118	モハ3569	TRN-37	昭42.8	モハ3202
サハ3218	サハ3634	TR-11	昭44.11	クハ559
モハ3318	モハ3518	TRS-28M	昭44.11	モハ3214
クハ3418	クハ3640	TRK-27	昭42.8	クハユ299
モハ3119	モハ3535	TRS-28M	昭42.9	モハニ3281
サハ3219	サハ3635	TR-11	昭45.1	クハ564
モハ3319	モハ3545	TRS-28M	昭45.1	モハ3241
クハ3419	クハ3646	TRK-29	昭42.9	クハニ473
モハ3120	モハ3533	TRS-28M	昭42.10	モハ3229
サハ3220	サハ3642	TRK-29	昭43.11	クハ226
モハ3320	モハ3567	TRN-37	昭43.11	モハ3261
クハ3420	クハ3629	TRN-29T	昭42.10	クハ262
モハ3121	モハ3528	TRS-28M	昭42.11	モハ3224
サハ3221	サハ3666	TR-11	昭44.1	クハ245
モハ3321	モハ3568	TRN-37	昭44.1	モハ3262
クハ3421	クハ3628	TRN-29T	昭42.11	クハ261
モハ3122	モハ3529	TRS-28M	昭42.12	モハ3225
サハ3222	サハ3641	TRK-29	昭44.3	クハ225
モハ3322	モハ3561	TRN-29M	昭44.3	モハ3250
クハ3422	クハ3608	TRS-28T	昭40.12	クハ250

改番後	更新時	台車形式	更新年月	種車
モハ3123	モハ3520	TRS-28M	昭43.2	モハ3216
サハ3223	サハ3650	TR-11	昭45.7	クハ426
モハ3323	モハ3547	TRS-30	昭45.7	モハ3243
クハ3423	クハ3611	TRS-28T	昭43.2	クハ253
モハ3124	モハ3570	TRN-38	昭43.3	モハ3203
サハ3224	サハ3663	TR-11	昭44.4	クハ242
モハ3324	モハ3519	TRS-28M	昭44.4	モハ3215
クハ3424	クハ3664	TR-11	昭43.3	クハ243
モハ3125	モハ3531	TRS-28M	昭43.3	モハ3227
サハ3225	サハ3662	TR-11	昭44.5	クハ241
モハ3325	モハ3532	TRS-28M	昭44.5	モハ3228
クハ3425	クハ3630	TRN-29T	昭43.3	クハ263
モハ3126	モハ3572	TRN-37	昭43.5	モハ3205
サハ3226	サハ3616	TRS-28T	昭45.8	クハ258
モハ3326	モハ3517	TRS-28M	昭45.8	モハ3236
クハ3426	クハ3609	TRS-28T	昭43.5	クハ251
モハ3127	モハ3563	TRN-29M	昭43.6	モハ3252
サハ3227	サハ3653	TRK-27	昭44.8	クハ411(Ⅱ)
モハ3327	モハ3552	TRS-28M	昭44.8	モハ3211
クハ3427	クハ3667	TR-11	昭43.6	クハ246
モハ3128	モハ3566	TRN-29M	昭43.7	モハ3260
サハ3228	サハ3636	TR-11	昭44.10	クハ567
モハ3328	モハ3521	TRS-28M	昭44.10	モハ3217
クハ3428	クハ3631	TRN-29T	昭43.7	クハ264
モハ3129	モハ3582	TRN-37	昭43.8	モハ3264
サハ3229	サハ3633	TR-11	昭44.12	クハ542
モハ3329	モハ3526	TRS-28M	昭44.12	モハ3222
クハ3429	クハ3671	TRN-50	昭43.8	クハ450(Ⅱ)
モハ3130	モハ3562	TRN-29M	昭43.12	モハ3251
サハ3230	サハ3668	TR-11	昭44.2	クハ541
モハ3330	モハ3549	TRS-30	昭44.2	モハ3245
クハ3430	クハ3627	TRN-29T	昭43.12	クハ260

モハ3501	モハ3581	TRN-37	昭40.2.26	モハ3263
クハ3601	クハ3605	TRS-26	昭40.2.26	クハ224
モハ3502	モハ3565	TRN-29M	昭40.8	モハ3254
クハ3602	クハ3606	TRS-26	昭40.8	クハ230
モハ3503	モハ3509	TRS-28M	昭41.2	モハニ3276
クハ3603	クハ3645	TRK-29	昭42.2	クハニ472
モハ3504	モハ3537	TRS-28M	昭41.7	モハユ3290
クハ3604	クハ3618	TRS-28T	昭41.7	クハユ290
モハ3505	モハ3571	TRN-37	昭41.9	モハ3204
クハ3605	クハ3625	TRS-29	昭41.9	クハユ293
モハ3506	モハ3523	TRS-28M	昭41.11	モハ3219
クハ3606	クハ3620	TRS-35T	昭41.11	クハ421
モハ3507	モハ3510	TRS-28M	昭41.12	モハニ3278
クハ3607	クハ3621	TRS-29	昭41.12	クハユ294

モハ5800＋クハ340形＋モハ5801＋クハ340形＋クハ340形の浅草方面行。行先表示も乗客の姿もないことから、回送列車であろうか。小菅駅を出てすぐの荒川放水路の堤防からの撮影である。
1959.5.13　小菅　P：奥野利夫

■東武鉄道旧形車変遷表

作成：稲葉克彦

番号	分類	新製				改造・更新・改番 その1				改造・更新・改番 その2				改造・更新・改番 その3				改造・更新・改番 その4			
		製造年	製造所又は前所有者	形式称号	記号番号	年	区別	形式称号	記号番号	年	区別	形式称号	記号番号	年	区別	形式称号	記号番号	年	区別	形式称号	記号番号
1	大正13年・電化用木造電動車	大13	日車	デハ1	1	S26	改番	モハ1100	1100	S27	改造	クハ210	212	S33	改造	コハフ10	13	S34	廃車		
2					2	S8	改造	クハ1	11	S15	名目*	クハ11	1108	→(№171参照)							
3					3	S23	譲渡	上信電鉄	デハ11												
4					4	S23	譲渡	上信電鉄	デハ10												
5					5	S26	改番	モハ1100	1101	S56	廃車										
6					6	S23	譲渡	新潟交通	モハ19												
7					7	S6	改造	クハ1	1(Ⅱ)	S26	改番	クハ210	210	S33	改造	コハフ10	11	S34	廃車		
8					8	S6	改造	クハ1	2(Ⅱ)	S26	改番	クハ210	211	S33	改造	コハフ10	12	S34	廃車		
9	大正14年・半鋼製電動・制御車	大14	日車	クハ1	1	S6	改造	デハ2	7(Ⅱ)	S22	譲渡	新潟交通	モハ17								
10					2	S6	改造	デハ2	8(Ⅱ)	S26	改番	モハ1110	1110	S30	改造	モユニ1190	1190	S52	廃車		
11					3	S6	改造	クハ2	3	S12	改造	デハ101	101	S20	戦災			S23	復旧	クハ420A	420
						S42	更新	クハ3600	3624	S46	改番	クハ3400	3414								
12					4	S6	改造	クハ2	4	S12	改造	デハ101	102	S26	改番	モハ1400A	1400	S39	改造	モニ1470	1471
13					5	S6	改造	クハ2	5	S12	改造	デハ101	103	S26	改番	モハ1400A	1401	S39	改造	モニ1470	1472
14					6	S6	改造	クハ2	6	S12	改造	デハ101	104	S20	戦災			S23	復旧	クハ420A	421
						S42	更新	クハ3600	3625	S46	改番	クハ3600	3606								
15		大14	日車	デハ2	9	S23	譲渡	新潟交通	デハ18												
16					10	S23	譲渡	上毛電鉄	デハ81												
17	大正15年・電車型客車	大15	日車	ホハ	51	S2	改造	デハ3	11	S23	譲渡	長野電鉄	モハ133								
18					52	S2	改造	デハ3	12	S23	譲渡	長野電鉄	モハ132								
19					53	S2	改造	デハ3	13	S23	譲渡	長野電鉄	モハ131								
20					54	S2	改造	デハ3	14	S26	改番	モハ2200	2200	S27	改造	クハ220A	220	S40	更新	クハ3600	3601
						S46	改番	クハ3400	3402												
21		大15	汽車	ホハ	55	S2	改造	デハ3	15	S26	改番	モハ2200	2201	S27	改造	クハ220A	221	S41	更新	クハ3600	3602
						S46	改番	クハ3400	3409												
22					56	S2	改造	デハ3	16	S26	改番	モハ2200	2202	S27	改造	クハ220A	222	S40	更新	クハ3600	3603
						S46	改番	クハ3400	3403												
23					57	S2	改造	デハ3	19	S26	改番	モハ2200	2203	S27	改造	クハ220A	223	S40	更新	クハ3600	3604
						S46	改番	クハ3400	3406												
24					58	S2	改造	デハ3	20	S26	改番	モハ2200	2204	S27	改造	クハ220A	224	S40	更新	クハ3600	3605
						S46	改番	クハ3600	3601												
25		大15	日車	ホハ	59	S2	改造	クハ2	7	S26	改番	クハ230	230	S40	更新	クハ3600	3606	S46	改番	クハ3600	3602
26					60	S2	改造	クハ2	8	S26	改番	クハ230	231	S40	更新	クハ3600	3607	S46	改番	クハ3400	3405
27	昭和2年・前期普通車型	S2	日車	デハ4	17	S5	改造	デハニ4	17	S6	改造	デハ4	17	S26	改番	モハ3200Aa	3200	S45	更新	モハ3500	3501
						S46	改番	モハ3300	3313												
28					18	S5	改造	デハニ4	18	S6	改造	デハ4	18	S26	改番	モハ3200Aa	3201	S41	更新	モハ3500	3502
						S46	改番	モハ3100	3109												
29		S2	日車	クハ3	9	S11	改造	デハ8	94	S26	改番	モハ5400	5401	S48	更新	モハ3350	3359				
30					10	S9	改造	デハ8	93	S26	改番	モハ5400	5400	S47	更新	モハ3550	3556				
31		S2	汽車	デハ4	21	S5	改造	デハニ4	21	S26	改番	モハニ3270	3270	S40	更新	モハ3500	3504	S46	改番	モハ3100	3105
32					22	S5	改造	デハニ4	22	S26	改番	モハニ3270	3271	S40	更新	モハ3500	3505	S46	改番	モハ3100	3104
33					23	S5	改造	デハニ4	23	S11	改造	デハユ2	2	S26	改番	モハニ3270	3272	S26	廃車	(火災による)	
34					24	S5	改造	デハニ4	24	S26	改番	モハニ3270	3273	S40	更新	モハ3500	3506	S46	改番	モハ3100	3107
35					25	S5	改造	デハニ4	25	S26	改番	モハニ3270	3274	S41	更新	モハ3500	3507	S46	改番	モハ3100	3110
36		S2	日車	デハ4	26	S5	改造	デハニ4	26	S20	戦災			S24	復旧	クハ430	436	→(№219参照)			
37					27	S5	改造	デハニ4	27	S26	改番	モハニ3270	3275	S40	更新	モハ3500	3508	S46	改番	モハ3100	3103
38					28	S5	改造	デハニ4	28	S26	改番	モハニ3270	3276	S41	更新	モハ3500	3509	S46	改番	モハ3500	3503
39		S2	汽車	デハ4	29	S5	改造	デハニ4	29	S26	改番	モハニ3270	3277	S31	改造	モハ3200Ab	3206	S39	更新	モハ3500	3503
						S46	改番	モハ3100	3101												
40					30	S5	改造	デハニ4	30	S26	改番	モハニ3270	3278	S41	更新	モハ3500	3510	S46	改番	モハ3500	3507
41		S2	川崎	デハ4	31	S5	改造	デハニ4	31	S26	改番	モハニ3270	3279	S41	更新	モハ3500	3511	S46	改番	モハ3100	3112
42					32	S5	改造	デハニ4	32	S26	改番	モハニ3270	3280	S42	更新	モハ3500	3554	S46	改番	モハ3100	3113
43					33	S5	改造	デハニ4	33	S26	改番	モハニ3270	3281	S42	更新	モハ3500	3535	S46	改番	モハ3100	3119
44					34	S5	改造	デハニ4	34	S26	改番	モハニ3270	3282	S42	更新	モハ3500	3536	S46	改番	モハ3100	3116
45					35	S20	戦災			S24	名目*	クハ430	437	→(№218参照)							
46					36	S22	事故			S23	復旧	デハ4	36	S26	改番	モハ5430A	5430	S48	更新	モハ3350	3355
47	昭和2年・前期合造車型	S2	日車	クハユ1	1	S26	改番	クハユ290a	290	S41	更新	クハ3600	3618	S46	改番	クハ3600	3604				
48					2	S26	改番	クハユ290a	291	S26	廃車	(火災による)									
49					3	S20	戦災			S23	復旧	デハ8	90	S25	改造	クハ420B	422	S41	更新	クハ3600	3626
						S46	改番	クハ3400	3410			(↑メーカー錯誤)									
50					4	S26	改番	クハユ290a	292	S41	更新	クハ3600	3619	S46	改番	クハ3400	3412				
51		S2	日車	クハニ1	1	S20	戦災			S24	名目*	クハ430	430	→(№212参照)							
52					2	S26	改番	クハユ290a	295	S42	更新	クハ3600	3622	S46	改番	クハ3400	3416				
53					3	S21	改造	クハユ1	10(Ⅱ)	S26	改番	クハユ290a	296	S42	更新	クハ3600	3639	S46	改番	クハ3400	3417
54					4	S9	改造	クハユ1	6(Ⅲ)	S26	改番	クハユ290a	294	S41	更新	クハ3600	3621	S46	改番	クハ3600	3607
55					5	S4	改造	クハユ1	5(Ⅱ)	S26	改番	クハユ290a	293	S41	更新	クハ3600	3620	S46	改番	クハ3600	3605
56					6	S4	改造	クハユ1	6(Ⅱ)	S7	改造	デハニ1	1	S9	改造	デハ8	87	S25	改造	モハニ5470a	5470
						S26	改番	モハユ5490	5490	S44	改造	モハ5490	5490	S48	更新	モハ3350	3354				
57	昭和3,4年・後期合造車型	S3	日車	クハユ2	5	S4	改造	クハニ3	5	S7	改造	デハニ1	2	S9	改造	デハ8	88	S26	改造	モハニ5470b	5471
						S44	改造	モハ5470	5471	S46	更新	モハ3150	3151								
58					6	S4	改造	クハニ3	6	S7	改造	デハニ1	3	S9	改造	デハ8	89	S26	改造	モハニ5470b	5472
						S26	廃車	(火災による)													
59		S3	汽車	クハユ3	7	S7	改造	デハユ1	1	S26	改番	モハユ3290	3290	S41	更新	モハ3500	3537	S46	改番	モハ3500	3504
60					8	S26	改番	クハユ290b	298	S31	改造	クハ410	411(Ⅱ)	S44	更新	サハ3600	3653	S46	改番	サハ3200	3227
61					9	S26	改番	クハユ290b	299	S42	更新	クハ3600	3640	S46	改番	クハ3400	3418				
62					10	S7	改番	クハユ3	7(Ⅱ)	S26	改番	クハユ290b	297	S31	改造	クハ410	410(Ⅱ)	S42	更新	クハ3600	3652
						S46	改番	クハ3400	3415												
63		S4	日車	クハニ4	32	S7	改造	デハニ1	4	S9	改造	デハ8	90	S20	戦災			S23	復旧	クハユ1	3
						S26	改番	クハユ490	490	S40	更新	クハ3600	3623	S46	改番	クハ3400	3408				
64					33	S7	改造	デハニ1	5	S9	改造	デハ8	91	S26	改造	モハニ5470b	5473	S44	改造	モハ5470	5473
						S47	更新	モハ3550	3564												
65					34	S7	改造	デハニ1	6	S9	改造	デハ8	92	S26	改造	モハニ5470b	5474	S44	改造	モハ5470	5474
						S46	更新	モハ3150	3154												

※本図表は、『鉄道ピクトリアル』1981年７月臨時増刊号「東武鉄道特集」・吉田修平氏作成：「東武鉄道旧形車変遷表」）をベースに加筆・修正したものである。

※記述略称：名目*←名目上の変更

※同一形式で出自が異なる場合は、A・Bまたはa・bとした。　※Ⅱ・Ⅲは二代目・三代目である(3000系更新後は省略)。

番号	分類	新製				改造・更新・改番 その1				改造・更新・改番 その2				改造・更新・改番 その3				改造・更新・改番 その4			
		製造年	製造所又は前所有者	形式称号	記号番号	年	区別	形式称号	記号番号	年	区別	形式称号	記号番号	年	区別	形式称号	記号番号	年	区別	形式称号	記号番号
66	昭和3,4年・後期普通車型	S3	日車	デハ5	37	S6	改造	デハ7	37	S26	改番	モハ3210	3210	S40	更新	モハ3500	3516	S46	改番	モハ3100	3102
67					38	S6	改造	デハ7	38	S26	改番	モハ3210	3211	S44	更新	モハ3500	3552	S46	改番	モハ3300	3327
68					39	S6	改造	デハ7	39	S26	改造	モハ5420a	5420	S47	更新	モハ3350	3353				
69					40	S6	改造	デハ7	40	S8	火災			S8	復旧	デニ1	1	S26	改番	モニ1170	1170
						S46	更新	サハ3600	3682	S46	改番	サハ3200	3212								
70					41	S6	改造	デハ7	41	S26	改番	モハ3210	3212	S45	更新	モハ3500	3553	S46	改番	モハ3300	3315
71					42	S6	改造	デハ7	42	S26	改番	モハ3210	3213	S45	更新	モハ3500	3540	S46	改番	モハ3300	3302
72					43	S6	改造	デハ7	43	S26	改番	モハ3210	3214	S44	更新	モハ3500	3518	S46	改番	モハ3300	3318
73					44	S6	改造	デハ7	44	S26	改番	モハ3210	3215	S44	更新	モハ3500	3519	S46	改番	モハ3300	3324
74					45	S6	改造	デハ7	45	S26	改番	モハ3210	3216	S43	更新	モハ3500	3520	S46	改番	モハ3100	3123
75					46	S6	改造	デハ7	46	S26	改番	モハ3210	3217	S44	更新	モハ3500	3521	S46	改番	モハ3300	3328
76					47	S6	改造	デハ7	47	S26	改番	モハ3210	3218	S45	更新	モハ3500	3522	S46	改番	モハ3300	3303
77					48	S6	改造	デハ7	48	S26	改番	モハ3210	3219	S41	更新	モハ3500	3523	S46	改番	モハ3500	3506
78					49	S6	改造	デハ7	49	S26	改番	モハ3210	3220	S45	更新	モハ3500	3524	S46	改番	モハ3300	3311
79					50	S6	改造	デハ7	50	S26	改番	モハ3210	3221	S42	更新	モハ3500	3525	S46	改番	モハ3100	3114
80					51	S6	改造	デハ7	51	S26	改造	モハ5420a	5421	S47	更新	モハ3550	3554				
81					52	S6	改造	デハ7	52	S26	改番	モハ3210	3222	S44	更新	モハ3500	3526	S46	改番	モハ3300	3329
82					53	S6	改造	デハ7	53	S26	改番	モハ3210	3223	S45	更新	モハ3500	3527	S46	改番	モハ3300	3306
83					54	S6	改造	デハ7	54	S26	改番	モハ3210	3224	S42	更新	モハ3500	3528	S46	改番	モハ3100	3121
84					55	S6	改造	デハ7	55	S26	改番	モハ3210	3225	S42	更新	モハ3500	3529	S46	改番	モハ3100	3122
85					56	S6	改造	デハ7	56	S20	戦災			S24	名目*	クハ430	431	→(№213参照)			
86					57	S6	改造	デハ7	57	S26	改番	モハ3210	3226	S42	更新	モハ3500	3530	S46	改番	モハ3100	3117
87					58	S6	改造	デハ7	58	S26	改番	モハ3210	3227	S43	更新	モハ3500	3531	S46	改番	モハ3100	3125
88					59	S6	改造	デハ7	59	S26	改番	モハ3210	3228	S44	更新	モハ3500	3532	S46	改番	モハ3300	3325
89					60	S6	改造	デハ7	60	S20	戦災			S24	名目*	クハ430	432	→(№214参照)			
90					61	S6	改造	デハ7	61	S26	改番	モハ3210	3229	S42	更新	モハ3500	3553	S46	改番	モハ3100	3120
91					62	S6	改造	デハ7	62	S26	改番	モハ3210	3230	S44	更新	モハ3500	3512	S46	改番	モハ3300	3310
92					63	S6	改造	デハ7	63	S26	改番	モハ3210	3231	S45	更新	モハ3500	3513	S46	改番	モハ3300	3308
93					64	S6	改造	デハ7	64	S26	改番	モハ3210	3232	S44	更新	モハ3500	3514	S46	改番	モハ3300	3314
94					65	S6	改造	デハ7	65	S26	改番	モハ3210	3233	S45	更新	モハ3500	3515	S46	改番	モハ3300	3307
95					66	S6	改造	デハ7	66	S26	改番	モハ3210	3234	S40	更新	モハ3500	3538	S46	改番	モハ3100	3106
96		S3	汽車	デハ5	67	S6	改造	デハ7	67	S26	改番	モハ3210	3235	S46	更新	モハ3500	3539	S46	改番	モハ3300	3305
97					68	S6	改造	デハ7	68	S26	改番	モハ3210	3236	S45	更新	モハ3500	3517	S46	改番	モハ3300	3326
98					69	S6	改造	デハ7	69	S26	改番	モハ3210	3237	S46	更新	モハ3500	3541	S46	改番	モハ3300	3312
99					70	S6	改造	デハ7	70	S26	改番	モハ3210	3238	S45	更新	モハ3500	3542	S46	改番	モハ3300	3304
100					71	S6	改造	デハ7	71	S26	改番	モハ3210	3239	S42	更新	モハ3500	3543	S46	改番	モハ3100	3115
101					72	S6	改造	デハ7	72	S26	改番	モハ3210	3240	S41	更新	モハ3500	3544	S46	改番	モハ3100	3111
102					73	S6	改造	デハ7	73	S26	改番	モハ3210	3241	S45	更新	モハ3500	3545	S46	改番	モハ3300	3319
103		S4	汽車	デハ5	74	S6	改造	デハ7	74	S26	改番	モハ3210	3242	S43	更新	モハ3500	3546	S46	改番	モハ3300	3317
104					75	S6	改造	デハ7	75	S26	改番	モハ3210	3243	S45	更新	モハ3500	3547	S46	改番	モハ3300	3323
105					76	S6	改造	デハ7	76	S26	改番	モハ3210	3244	S40	更新	モハ3500	3548	S46	改番	モハ3100	3108
106					77	S6	改造	デハ7	77	S26	改番	モハ3210	3245	S44	更新	モハ3500	3549	S46	改番	モハ3300	3330
107					78	S6	改造	デハ7	78	S26	改番	モハ3210	3246	S44	更新	モハ3500	3550	S46	改番	モハ3300	3301
108					79	S6	改造	デハ7	79	S26	改造	モハ5420a	5422	S46	更新	モハ3150	3152				
109					80	S6	改造	デハ7	80	S26	改番	モハ3210	3247	S44	更新	モハ3500	3551	S46	改番	モハ3300	3309
110		S4	日車	デハ6	81	S26	改番	モハ3250	3252	S43	更新	モハ3500	3563	S46	改番	モハ3100	3127				
111					82	S26	改番	モハ3250	3253	S43	更新	モハ3500	3564	S46	改番	モハ3300	3316				
112					83	S26	改番	モハ3250	3254	S40	更新	モハ3500	3565	S46	改番	モハ3500	3502				
113					84	S26	改番	モハ3250	3250	S44	更新	モハ3500	3561	S46	改番	モハ3300	3322				
114					85	S20	戦災			S23	復旧	デハ6	85	S26	改造	モハ5420b	5423	S47	更新	モハ3350	3351
115					86	S26	改番	モハ3250	3251	S43	更新	モハ3500	3562	S46	改番	モハ3100	3130				
116	昭和3,4年・後期合造車型	S3	日車	クハニ2	7	S26	改番	クハニ270	270	S29	改造	クハ250	250	S43	更新	クハ3600	3608	S46	改番	クハ3400	3422
117					8	S26	改番	クハニ270	271	S30	改造	クハ250	251	S43	更新	クハ3600	3609	S46	改番	クハ3400	3426
118					9	S26	改番	クハニ270	272	S26	廃車	(火災による)									
119					10	S26	改番	クハニ270	273	S30	改造	クハ250	252	S40	更新	クハ3600	3610	S46	改番	クハ3400	3404
120					11	S14	名目*	クハ12	1107	→(№170参照)											
121					12	S26	改番	クハニ270	274	S29	改造	クハ250	253	S43	更新	クハ3600	3611	S46	改番	クハ3400	3423
122					13	S26	改番	クハニ270	275	S30	改造	クハ250	254	S45	更新	サハ3600	3612	S46	改番	サハ3200	3207
123					14	S26	改番	クハニ270	276	S30	改造	クハ250	255	S44	更新	サハ3600	3613	S46	改番	サハ3200	3214
124					15	S26	改番	クハニ270	277	S30	改造	クハ250	256	S45	更新	サハ3600	3614	S46	改番	サハ3200	3208
125					16	S26	改番	クハニ270	278	S30	改造	クハ250	257	S44	更新	サハ3600	3615	S46	改番	サハ3200	3210
126					17	S26	改番	クハニ270	288	S29	改造	クハ250	267	S47	更新	サハ3250	3251				
127					18	S26	改番	クハニ270	289	S26	改造	モハ1400B	1406	S40	改造	モユニ1470	1475	S49	廃車		
128					19	S26	改番	クハニ270	279	S30	改造	クハ250	258	S45	更新	サハ3600	3616	S46	改番	サハ3200	3226
129					20	S26	改番	クハニ270	280	S30	改造	クハ250	259	S46	更新	サハ3600	3617	S46	改番	サハ3200	3205
130					21	S26	改番	クハニ270	281	S31	改造	クハ250	260	S43	更新	クハ3600	3627	S46	改番	クハ3400	3430
131					22	S26	改番	クハニ270	282	S31	改造	クハ250	261	S42	更新	クハ3600	3628	S46	改番	クハ3400	3421
132					23	S26	改番	クハニ270	283	S31	改造	クハ250	262	S42	更新	クハ3600	3629	S46	改番	クハ3400	3420
133					24	S26	改番	クハニ270	284	S31	改造	クハ250	263	S43	更新	クハ3600	3630	S46	改番	クハ3400	3425
134					25	S26	改番	クハニ270	285	S31	改造	クハ250	264	S43	更新	クハ3600	3631	S46	改番	クハ3400	3428
135		S3	汽車	クハニ2	26	S26	改番	クハニ270	286	S31	改造	クハ250	265	S44	更新	サハ3600	3632	S46	改番	サハ3200	3209
136					27	S26	改番	クハニ270	287	S30	改造	クハ250	266	S46	更新	クハ3450	3456				
137					28	S13	改造	デハ105	105	S26	改番	モハ1400B	1402	S41	改番	モユニ1490	1491	S52	廃車		
138					29	S13	改造	デハ105	106	S26	改番	モハ1400B	1403	S40	改造	モニ1470	1473				
139					30	S13	改造	デハ105	107	S26	改番	モハ1400B	1404	S26	廃車	(火災による)					
140					31	S13	改造	デハ105	108	S26	改番	モハ1400B	1405	S40	改造	モニ1470	1474	S47	廃車		
141	昭和19年・総武鉄道引継車	S4(総武鉄道)	日車	モハ1001	1001	S19	合併			S23	譲渡	高松琴平電鉄	モハ710								
142					1002	S19	合併			S23	譲渡	高松琴平電鉄	モハ720								
143					1003	S19	合併			S22	譲渡	上田丸子電鉄	モハ1001								
144					1004	S19	合併			S26	改番	モハ1200	1200	S27	改造	クハ220B	225	S44	更新	サハ3600	3641
						S46	改番	サハ3200	3222												
145		S4(総武鉄道)	日車	モハニ1101	1101	S19	合併			S24	改造	クハニ470	470	S40	更新	クハ3600	3643	S46	改番	クハ3400	3407
146					1102	S19	合併			S26	改番	モハニ1270	1270	S27	改造	クハニ470	471	S42	更新	クハ3600	3644
						S46	改番	クハ3400	3413												
147					1103	S19	合併			S26	改番	モハニ1270	1271	S27	改造	クハニ470	472	S42	更新	クハ3600	3645
						S46	改番	クハ3600	3603												
148					1104	S19	合併			S26	改番	モハニ1270	1272	S27	改造	クハニ470	473	S42	更新	クハ3600	3646
						S46	改番	クハ3400	3419												

番号	分類	新製				改造・更新・改番 その1				改造・更新・改番 その2				改造・更新・改番 その3				改造・更新・改番 その4			
		製造年	製造所又は前所有者	形式称号	記号番号	年	区別	形式称号	記号番号	年	区別	形式称号	記号番号	年	区別	形式称号	記号番号	年	区別	形式称号	記号番号
149	昭和19年・総武鉄道引継車	S4(総武鉄道)	日車	クハ1201	1201	S19	合併			S23	譲渡	高松琴平電鉄	910								
150					1202	S19	合併			S26	改造	モハ1200	1201	S27	改造	クハ220B	226	S43	更新	サハ3600	3642
						S46	改番	サハ3200	3220												
151		S17(総武鉄道)	日本鉄道自動車	コハフ500	501	S19	合併			S26	改番	クハ200	200	S27	改造	コハフ200	200	S29	廃車		
152					502	S19	合併			S20	廃車	(事故による)									
153	昭和18年・下野電気鉄道引継車	S6(下野電気鉄道)	川崎	デハニ101	101	S18	合併			S26	改番	モハニ1670	1670	S41	改造	モニ1670	1671	S47	廃車		
154					102	S18	合併			S26	改番	モハニ1670	1671	S38	改造	モハ1600	1601	S47	廃車		
155					103	S18	合併			S26	改番	モハニ1670	1672	S38	改造	モハ1600	1602	S47	廃車		
156	昭和10年・前期特急車型	S10	日車	デハ10	101	S12	改造	デハ11	1101	S26	改番	モハ5440	5440	S46	更新	モハ3150	3153				
157					102	S12	改造	デハ11	1102	S26	改番	モハ5440	5441	S46	更新	モハ3150	3156				
158					103	S12	改造	デハ11	1103	S20	戦災			S22	復旧			S26	改番	モハ5460	5460
						S47	更新	モハ3550	3558												
159	昭和12,14年・後期特急車型	S12	日車	デハ11	1104	S26	改番	モハ5440	5442	S26	改番	モハ5310A	5310	S50	更新	モハ5300	5304	S54	改番	モハ3370	3374
160					1105	S26	改番	モハ5440	5443	S26	改番	モハ5310A	5311	S49	更新	モハ5500	5505	S54	改番	モハ3570	3575
161					1106	S26	改番	モハ5440	5444	S26	改番	モハ5310A	5312	S49	更新	モハ5100	5104	S54	改番	モハ3170	3174
162		S14	日車	デハ12	1107	S26	改番	モハ5440	5445	S26	改番	モハ5310A	5313	S50	更新	モハ5100	5105	S54	改番	モハ3170	3175
163					1108	S26	改番	モハ5440	5446	S26	改番	モハ5310A	5314	S50	更新	モハ5300	5305	S54	改番	モハ3370	3375
164	昭和10年・前期特急車型	S10	汽車	クハ10	101	S12	改造	クハ11	1101	S26	改番	クハ400	400	S26	改番	クハ350	350(Ⅱ)	S50	更新	サハ5200	5205
						S54	改番	サハ3270	3275												
165					102	S12	改造	クハ11	1102	S26	改番	クハ400	401	S26	改番	クハ350	351(Ⅱ)	S49	更新	クハ5600	5605
						S54	改番	クハ3670	3675												
166					103	S12	改造	クハ11	1103	S26	改番	クハ400	402	S26	改番	クハ350	352	S50	更新	クハ5400	5405
						S54	改番	クハ3470	3475												
167	昭和12,13,15年・後期特急車型	S12	汽車	クハ11	1104	S26	改番	クハ400	403	S26	改番	クハ350	353	S45	改造	サハ350	353	S49	更新	クハ5400	5404
						S54	改番	クハ3470	3474												
168					1105	S26	改番	クハ400	404	S27	改番	クハ400	400(Ⅱ)	S48	更新	クハ3650	3663				
169					1106	S20	戦災			S23	復旧			S26	改番	クハ350	350(Ⅰ)	S26	改番	クハ330B	332(Ⅱ)
						S27	改番	クハ400b	401(Ⅱ)	S36	改造	モハ5310B	5315	S49	更新	モハ5100	5101	S54	改番	モハ3170	3171
170		S13	汽車	クハ11	1107	S20	戦災			S22	復旧			S26	改番	クハ350	351	S26	改番	クハ330B	333(Ⅱ)
						S27	改番	クハ400b	402(Ⅱ)	S37	改造	モハ5310B	5316	S49	更新	モハ5500	5504	S54	改番	モハ3570	3574
						→(№120参照)															
171		S15	日車	クハ11	1108	S26	改番	クハ400	405	S26	改番	クハ350	354	S45	改造	サハ350	354	S50	更新	サハ5200	5204
						S54	改番	サハ3270	3274	→(№2参照)											
172	昭和18年・後期普通車型	S18	日車	デハ1201	1201	S26	改番	モハ5450	5450	S47	更新	モハ3550	3563								
173					1202	S26	改番	モハ5450	5451	S47	更新	モハ3550	3562								
174					1203	S20	戦災			S23	復旧			S26	改番	モハ5460	5461	S48	更新	モハ3350	3357
175					1204	S26	改番	モハ5450	5452	S47	更新	モハ3550	3557								
176					1205	S26	改番	モハ5450	5453	S46	更新	モハ3150	3157								
177					1206	S26	改番	モハ5450	5454	S47	更新	モハ3550	3561								
178					1207	S26	改番	モハ5450	5455	S46	更新	モハ3150	3159								
179					1208	S26	改番	モハ5450	5456	S48	更新	モハ3350	3358								
180	昭和21年・商工省統制規格型車	S21	汽車	クハ1201	1201	S26	改番	クハ410	410	S26	改造	モハ5410	5410	S46	更新	モハ3150	3155				
181					1202	S26	改番	クハ410	411	S26	改造	モハ5410	5411	S47	更新	モハ3550	3552				
182					1203	S26	改番	クハ410	412	S26	改造	モハ5410	5412	S47	更新	モハ3550	3551				
183					1204	S26	改番	クハ410	413	S26	改造	モハ5410	5413	S46	更新	モハ3150	3158				
184					1205	S26	改番	クハ410	414	S26	改造	モハ5410	5414	S47	更新	モハ3550	3553				
185	昭和16,18年・第一次木造客車鋼体化型	T13	日車	ホハ	5	S8	改造	サハ	38	S16	改造	サハ101	101	S26	改番	サハ70	70	S33	改造	クハ540	541
						S44	更新	サハ3600	3668	S46	改番	サハ3200	3230								
186					6	S8	改造	サハ	39	S16	改造	サハ101	102	S26	改番	サハ70	71	S33	改造	クハ540	542
						S44	更新	サハ3600	3633	S46	改番	サハ3200	3229								
187		T13	日車	ホロハ	2	S2	改造	ホハ	38	S8	改造	サハ	41	S16	改造	サハ101	103	S26	改番	サハ70	72
						S33	改造	クハ540	543	S45	更新	サハ3600	3647	S46	改番	サハ3200	3211				
188		T13	日車	ホハ	1	S8	改造	サハ	42	S16	改造	サハ101	104	S26	改番	サハ70	73	S36	改造	クハ540	544
						S47	更新	クハ3650	3657												
189		T13	日車	ホロハ	8	S2	改造	ホハ	44	S5	改造	サハ	35	S16	改造	クハ101	101	S26	改番	クハ240	240
						S43	更新	サハ3600	3661	S46	改番	サハ3200	3216								
190					9	S2	改造	ホハ	45	S5	改造	サハ	36	S16	改造	クハ101	102	S26	改番	クハ240	241
						S44	更新	サハ3600	3662	S46	改番	サハ3200	3225								
191		T13	日車	ホハ	7	S5	改造	サハ	37	S16	改造	クハ101	103	S26	改番	クハ240	242	S44	更新	サハ3600	3663
						S46	改番	サハ3200	3224												
192		T13	日車	ホロハ	1	S2	改造	ホハ	37	S5	改造	サハ	40	S16	改造	クハ101	104	S26	改番	クハ240	243
						S43	更新	クハ3600	3664	S46	改番	クハ3400	3424								
193		T13	日車	ホハ	2	S8	改造	サハ	43	S16	改造	クハ101	105	S26	改番	クハ240	244	S43	更新	サハ3600	3665
						S46	改番	サハ3200	3217												
194					3	S8	改造	サハ	44	S16	改造	クハ101	106	S26	改番	クハ240	245	S44	更新	サハ3600	3666
						S46	改番	サハ3200	3221												
195					4	S8	改造	サハ	45	S16	改造	クハ101	107	S26	改番	クハ240	246	S43	更新	クハ3600	3667
						S46	改番	クハ3400	3427												
196		S4	日車	トク1	500	S18	改造	クハ101	108	S26	改番	クハ240	247	S46	更新	クハ3450	3457				
197		T13	日車	ホハ	8	S5	改造	サハ	20	S18	改造	クハ101	109	S26	改番	クハ240	248	S44	更新	サハ3600	3669
						S46	改番	サハ3200	3201												
198	昭和23年・運輸省規格型車	S23	日車	モハ5300	5300	S27	改造	モハ3200B	3202	S42	更新	モハ3500	3569	S46	改番	モハ3100	3118				
199					5301	S27	改造	モハ3200B	3203	S43	更新	モハ3500	3570	S46	改番	モハ3100	3124				
200		S23	汽車	モハ5300	5302	S27	改造	モハ3200B	3204	S41	更新	モハ3500	3571	S46	改番	モハ3500	3505				
201					5303	S26	改造	モハ5430B	5431	S47	更新	モハ3550	3559								
202					5304	S26	改造	モハ5430B	5432	S47	更新	モハ3550	3555								
203					5305	S26	改造	モハ5430B	5433	S48	更新	モハ3350	3356								
204					5306	S26	改造	モハ5430B	5434	S47	更新	モハ3350	3352								
205					5307	S26	改番	モハ5300	5303(Ⅱ)	S27	改造	モハ3200B	3205	S43	更新	モハ3500	3572	S46	改番	モハ3100	3126
206		S23	日車	クハ330	330	S27	改番	クハ420C	427	S32	改造	モハ5200	5201	S48	更新	モハ3350	3360				
207					331	S26	改番	クハ420C	423	S48	更新	サハ3250	3258								
208					332	S26	改番	クハ420C	424	S46	更新	クハ3450	3459								
209					333	S26	改番	クハ330A	331(Ⅱ)	S27	改番	クハ420C	428	S41	更新	クハ3600	3651	S46	改番	クハ3400	3411

番号	分類	新製				改造・更新・改番 その1				改造・更新・改番 その2				改造・更新・改番 その3				改造・更新・改番 その4			
		製造年	製造所又は前所有者	形式称号	記号番号	年	区別	形式称号	記号番号	年	区別	形式称号	記号番号	年	区別	形式称号	記号番号	年	区別	形式称号	記号番号
210	昭和23,24年・自社戦災・事故復旧名目代替新造車	S23	改造名目	クハ330	334	S26	改番	クハ420C	425	S45	更新	サハ3600	3649	S46	改番	サハ3200	3213	→(No.250参照)			
211		T9	汽車	ホハ	15	S5 S46	改造 改番	サハ1 サハ3200	27 3223	S23	名目*	クハ330A	335	S26	改番	クハ420C	426	S45	更新	サハ3600	3650
212		S24	改造名目	クハ430	430	S28	改造	モハ3260	3263	S40	更新	モハ3500	3581	S46	改番	モハ3500	3501	→(No.51参照)			
213		S24	改造名目		431	S28	改造	モハ3260	3261	S43	更新	モハ3500	3567	S46	改番	モハ3300	3320	→(No.85参照)			
214		S24	改造名目		432	S28	改造	モハ3260	3262	S44	更新	モハ3500	3568	S46	改番	モハ3300	3321	→(No.89参照)			
215		T9	汽車	ホハ	17	S5 S46	改造 改番	サハ1 モハ3100	29 3128	S24	名目*	クハ430	433	S28	改造	モハ3260	3260	S43	更新	モハ3500	3566
216		S23	改造名目	クハ430	434	S26	廃車	(火災による)		→(No.237参照)											
217				ナニ	6051	S24	名目*	クハ430	435	S28	改造	モハ3260	3264	S43	更新	モハ3500	3582	S46	改番	モハ3100	3129
218		S24	改造名目	クハ430	437	S32	改造	モハ5200	5203	S46	更新	モハ3150	3160	→(No.45参照)							
219		S24	改造名目		436	S32	改造	モハ5200	5202	S48	更新	モハ3550	3560	→(No.36参照)							
220	昭和25年・第二次木造客車鋼体化型	T13		ホハ	9	S5	改造	サハ1	21	S25	改造	サハ80	80	S29	改造	クハ550	550(Ⅱ)	S47	更新	クハ3650	3654
221		T13		ホハ	10	S5	改造	サハ1	22	S25	改造	サハ80	81	S29	改造	クハ550	551(Ⅱ)	S47	更新	クハ3650	3656
222		T13		ホハ	11	S5	改造	サハ1	23	S25	改造	サハ80	82	S29	改造	クハ550	552(Ⅱ)	S48	更新	サハ3250	3259
223		T13		ホハ	12	S5	改造	サハ1	24	S25	改造	サハ80	83	S29	改造	クハ550	553(Ⅱ)	S47	更新	クハ3650	3658
224		T13		ホハ	13	S5	改造	サハ1	25	S25	改造	サハ80	84	S29	改造	クハ550	554(Ⅱ)	S48	更新	サハ3250	3257
225		T13		ホハ	14	S5	改造	サハ1	26	S25	改造	サハ80	85	S30	改造	クハ550	555(Ⅱ)	S48	更新	サハ3250	3255
226		T13		ホハ	16	S5	改造	サハ1	28	S25	改造	サハ80	86	S31	改造	クハ550	563	S46	更新	クハ3450	3455
227		T14		ホハ	39	S5 S46	改造 改番	サハ1 サハ3200	30 3219	S25	改造	サハ80	87	S31	改造	クハ550	564	S45	更新	サハ3600	3635
228		T14		ホハ	40	S5 S46	改造 改番	サハ1 サハ3200	31 3204	S25	改造	サハ80	88	S31	改造	クハ550	565	S45	更新	サハ3600	3672
229		T14		ホハ	41	S5	改造	サハ1	32	S25	改造	サハ80	89	S30	改造	クハ550	556	S47	更新	サハ3250	3253
230		T14		ホハ	42	S5 S46	改造 改番	サハ1 サハ3200	33 3206	S25	改造	サハ80	90	S33	改造	クハ550	569	S45	更新	サハ3600	3638
231		T14		ホハ	43	S5 S46	改造 改番	サハ1 サハ3200	34 3203	S25	改造	サハ80	91	S33	改造	クハ550	568	S45	更新	サハ3600	3637
232		S12	成田鉄道	ホハ	11(Ⅱ)	S18 S46	改造 改番	サハ40 サハ3200	41 3228	S25	改造	サハ80	92	S33	改造	クハ550	567	S44	更新	サハ3600	3636
233		S12	成田鉄道	ホハ	13(Ⅱ)	S18 S46	改造 改番	サハ40 サハ3200	42 3215	S25	改造	サハ80	93	S32	改造	クハ550	566	S44	更新	サハ3600	3681
234		T13	長岡鉄道	ホハニ	1	S9 S48	改造 更新	サハ101 クハ3650	101 3660	S14	改造	サハ50	51	S25	改造	サハ80	94	S31	改造	クハ550	562
235		T13	長岡鉄道	ホハニ	2	S9 S46	改造 更新	サハ101 サハ3250	102 3260	S14	改造	サハ50	52	S25	改造	サハ80	95	S30	改造	クハ550	561
236		T13		ホハユニ	1	S8 S46	改造 更新	サニ1 クハ3450	1 3460	S17	改造	サハ60	61	S25	改造	サハ80	96	S30	改造	クハ550	560
237		T13		ホハニ	3	S8	改造	サニ1	2	S17	改造	サハ60	62	S23	名目*	クハ430	434	→(No.216参照)			
238		T13		ホハユニ	8	S8 S44	改造 更新	サニ1 サハ3600	3 3634	S17 S46	改造 改番	サハ60 サハ3200	63 3218	S25	改造	サハ80	97	S29	改造	クハ550	559
239		S18	成田鉄道	ホハニ	1	S19 S46	改造 改番	サハ200 クハ3400	206 3401	S25	改造	サハ80	98	S30	改造	クハ550	558	S39	更新	クハ3600	3670
240		S18	総武鉄道	サハ	1301	S19 S46	改造 改番	サハ1301 サハ3200	1301 3202	S25	改造	サハ80	99	S29	改造	クハ550	557	S45	更新	サハ3600	3648
241		T13		ホハ	27	S3	改造	サハ1	1	S26	改造	クハ500	500	S47	更新	クハ3650	3655				
242		T13		ホハ	28	S3	改造	サハ1	2	S26	改造	クハ500	501	S48	更新	サハ3250	3256				
243		T13		ホハ	29	S3	改造	サハ1	3	S26	改造	クハ500	502	S48	更新	サハ3250	3254				
244		T13		ホハ	30	S3	改造	サハ1	4	S26	改造	クハ500	503	S47	更新	クハ3650	3659				
245		T13		ホハ	31	S3	改造	サハ1	5	S26	改造	クハ500	504	S47	更新	サハ3250	3252				
246		T13		ホハ	32	S3 S54	改造 改番	サハ1 サハ3270	6 3272	S26	改造	クハ500	505	S39	改造	クハ340	348	S49	更新	サハ5200	5202
247		T13		ホハ	33	S3 S54	改造 改番	サハ1 クハ3470	7 3471	S26	改造	クハ500	506	S37	改造	クハ340	346	S49	更新	クハ5400	5401
248		T13		ホハ	34	S3 S54	改造 改番	サハ1 クハ3670	8 3674	S26	改造	クハ500	507	S37	改造	クハ340	347	S49	更新	クハ5600	5604
249		T13		ホハ	35	S5 S54	改造 改番	サハ1 サハ3270	9 3273	S26	改造	クハ500	508	S40	改造	クハ350B	355	S49	更新	サハ5200	5203
250		T13		ホハ	18	S5	改造	サハ1	10	S23	名目*	クハ330A	334	→(No.210参照)							
251		T13		ホハ	19	S5 S54	改造 改番	サハ1 クハ3470	11 3473	S26	改造	クハ500	509	S41	改造	クハ350B	356	S49	更新	クハ5400	5403
252		T13		ホハ	36	S5 S54	改造 改番	サハ1 モハ3370	12 3371	S26	改造	クハ500	510	S39	改造	モハ5310C	5317	S49	更新	モハ5300	5301
253		T13		ホハ	20	S5 S54	改造 改番	サハ1 モハ3370	13 3372	S26	改造	クハ500	511	S40	改造	モハ5310C	5318	S49	更新	モハ5300	5302
254		T13		ホハ	23	S5 S54	改造 改番	サハ1 モハ3170	14 3173	S26	改造	クハ500	512	S40	改造	モハ5310C	5319	S49	更新	モハ5100	5103
255		T13		ホハ	24	S5 S54	改造 改番	サハ1 サハ3270	15 3271	S26	改造	クハ500	513	S40	改造	クハ340	349	S49	更新	サハ5200	5201
256		T13		ホハ	21	S5 S54	改造 改番	サハ1 モハ3370	16 3373	S26	改造	クハ500	514	S41	改造	モハ5320B	5324(Ⅱ)	S49	更新	モハ5300	5303
257		T13		ホハ	21	S5	改造	サハ1	17	S26	改造	クハ500	515	S47	更新	クハ3650	3651				
258		T13		ホハ	25	S5	改造	サハ1	18	S26	改造	クハ500	516	S47	更新	クハ3650	3653				
259		T13		ホハ	26	S5	改造	サハ1	19	S26	改造	クハ500	517	S47	更新	クハ3650	3652				
260			鉄道省	ナロハ	21729	S26	改造	クハ500	518	S27	改造	クハ340	344	S50	更新	サハ5200	5206	S54	改番	サハ3270	3276
261			鉄道省	ナハ	22011	S26	改造	クハ500	519	S27	改造	クハ340	345	S50	更新	クハ5400	5406	S54	改番	クハ3470	3476
262			鉄道省	ナハ	12523	S26	改造	クハ500	520	S27	改造	クハ340	342	S49	更新	クハ5600	5603	S54	改番	クハ3670	3673
263			鉄道省	ナハ	12635	S26	改造	クハ500	521	S27	改造	クハ340	343	S49	更新	クハ5400	5402	S54	改番	クハ3470	3472
264						S26	改造	クハ500	522	S27	改造	クハ340	340	S49	更新	クハ5600	5602	S54	改番	クハ3670	3672
265						S26	改造	クハ500	523	S27	改造	クハ340	341	S49	更新	クハ5600	5601	S54	改番	クハ3670	3671
266	昭和24年・省電戦災復旧車		鉄道省	モハ	31099	S24	復旧	クハ450	450	S27	改造	クハ450	451(Ⅱ)	S48	更新	クハ3650	3661				
267			鉄道省	モハ	30021	S24	復旧	クハ450	451	S27	改造	クハ450	450(Ⅱ)	S43	更新	クハ3600	3671	S46	改番	クハ3400	3429
268			鉄道省	モハ	50059	S24	復旧	クハ450	453	S27	改造	クハ450	456(Ⅱ)	S46	更新	クハ3450	3458				
269			鉄道省	モハ	31083	S24	復旧	クハ450	452	S27	改造	クハ450	458(Ⅱ)	S48	更新	クハ3650	3664				
270			鉄道省	モハ	31084	S24	復旧	クハ450	456	S27	改造	クハ450	457(Ⅱ)	S46	更新	クハ3450	3454				
271			鉄道省	モハ	50094	S25	復旧	クハ450	458	S27	改造	クハ450	453(Ⅱ)	S48	更新	クハ3650	3662				
272			鉄道省	クハ	65179	S26	復旧	クハ450	454	S46	更新	クハ3450	3452								
273			鉄道省	クハ	65054	S26	復旧	クハ450	455	S46	更新	クハ3450	3451								
274			鉄道省	モハ	32026	S25	復旧	クハ450	457	S27	改造	クハ450	452(Ⅱ)	S46	更新	クハ3450	3453				
275	昭和26年・浅草工場火災代替新造車	S26	日車	クハ550	550	S27	改造	モハ5320A	5324	S28	改番	モハ5800	5800	S50	更新	モハ5100	5106	S54	改番	モハ3170	3176
276					551	S27	改造	モハ5320A	5325	S28	改番	モハ5800	5801	S50	更新	モハ5300	5306	S54	改番	モハ3370	3376
277		S26	汽車	クハ550	552	S27	改造	モハ5320A	5322	S49	更新	モハ5500	5503	S54	改番	モハ3570	3573				
278					553	S27	改造	モハ5320A	5323	S49	更新	モハ5100	5102	S54	改番	モハ3170	3172				
279		S26	宇都宮	クハ550	554	S27	改造	モハ5320A	5320	S49	更新	モハ5500	5501	S54	改番	モハ3570	3571				
280					555	S27	改造	モハ5320A	5321	S49	更新	モハ5500	5502	S54	改番	モハ3570	3572				

中巻のおわりに

中巻では、3000系列となる種車の概説の後半部分と台車のバリエーションを紹介した。種車の１両１両について、電動車では「32型」と呼ばれた中で3250形以降・モハユ3290までの後半と、制御車では客車から電車化されたクハ220形からデニ１由来の荷物専用車を電装解除して3000系更新ラストのサハ3682の種車となったモニ1170までをとりあげた。また、種車の全貌を俯瞰できる変遷表や台車の資料に多くのページを割いた。

下巻では、3050系・3070系(当初5000系)更新車の概要とその種車の紹介のほか、3000系列への更新前後の活躍する姿を取り上げたい。3000系列への更新に至った種車の全体が大まかにお判りいただくことができれば幸いである。

■写真・資料提供ご協力者(敬称略)
合葉清治、阿部一紀、網谷忠雄、伊藤　昭、伊藤威信、宇野　昭、荻原二郎、荻原俊夫、奥野利夫、亀井秀夫、佐藤進一、沢柳健一、鈴木靖人、園田正雄、竹中泰彦、塚越哲男、塚本進一、徳永雅紀、豊永泰太郎、中村夙雄、中本雅博、花上嘉成、林　智春、日暮昭彦、日暮成一、藤田吾郎、丸森茂男、宮下洋一、宮田敦彦、村多　正、矢崎康雄、渡辺和義

初冬の穏やかな日差しを浴びて、東武クハユ290形他４両の準急浅草行きが身をくねらせて入って来る。下り側では北に向かう貨車を牽いた蒸気機関車が暫し身を休め、その向こうには多くの貨車が集まる昼下がり。電車と蒸機が共存していた昭和30年代の東武鉄道の光景である。　1958.1　杉戸　P：宇野　昭